AF377812

HISTOIRE

DES

Métiers de l'Alimentation

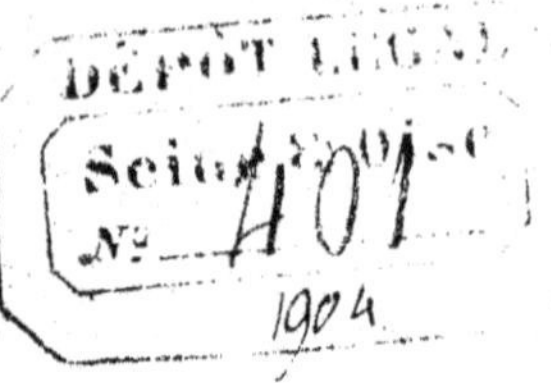

Par E. DARENNE

Ancien Conseiller Prud'homme
Ancien Secrétaire de la Chambre Syndicale du Commerce
et de l'Industrie de l'arrondissement de Versailles
Ancien Bibliothécaire de la Société des Sciences naturelles
et médicales de Seine-et-Oise

Prix : **2** fr.

Auguste RÉTY
Grande Imprimerie de Meulan (S.-et-O.)
37, Rue Gambetta, 37

1904

HISTOIRE

DES

MÉTIERS DE L'ALIMENTATION

HISTOIRE

DES

Métiers de l'Alimentation

Par E. DARENNE

Ancien Conseiller Prud'homme
Ancien Secrétaire de la Chambre Syndicale du Commerce
et de l'Industrie de l'arrondissement de Versailles
Ancien Bibliothécaire de la Société des Sciences naturelles
et médicales de Seine-et-Oise

Prix : **2** FR.

AUGUSTE RÉTY
GRANDE IMPRIMERIE DE MEULAN (S.-ET-O.)
37, Rue Gambetta, 37

1904

DÉDICACE

A Monsieur MARGUERY,

Président du Comité de l'Alimentation Parisienne

Cher Monsieur MARGUERY,

Mon unique pensée, en vous dédiant ce modeste ouvrage, a été de rendre hommage à l'homme universellement estimé et aimé qui personnifie de nos jours l'Alimentation Parisienne. J'apporte donc, en cette circonstance, l'humble tribut de ma reconnaissance envers celui qui, le premier, a su donner au Commerce de l'Alimentation l'importance et la considération qu'il possède à juste droit aujourd'hui, et ce faisant, j'obéis à un devoir, tout en respectant mes inspirations les plus intimes, ce qui me rend ce devoir plus doux encore à remplir.

La grandiose manifestation du mois d'Avril dernier, à laquelle j'ai eu l'honneur et le plaisir de m'associer, en dira plus long que ces quelques lignes, car elle a consacré à la fois vos mérites et votre inépuisable bonté ; elle a rendu hommage à l'intérêt **que vous** avez toujours porté aux humbles et aux petits, et cela justifie **l'heureuse pensée** qui m'a inspiré de vous dédier ce livre, qui relate la vie de ces humbles et de ces petits, depuis l'origine et la création des corporations de l'Alimentation en France.

Mon but a été d'initier les professionnels aux premiers tâtonnements, aux erreurs et aux souffrances de leurs anciens, à l'esprit de charité qui inspirait toujours leurs actes ; et cela, dans l'espoir de trouver pour l'avenir, au moyen de cette étude, un remède pouvant donner satisfaction au plus grand nombre.

C'est dans cet espoir, cher Monsieur Maguery, que je vous prie d'agréer l'hommage de mes sentiments respectueux et dévoués.

E. DARENNE.

Paris le 15 Juillet 1904

PRÉFACE

Il y aurait à faire un travail intéressant et des recherches instructives
sur les corporations et leurs statuts.
C'est, on peut le dire, une législation
toute particulière, la législation du
peuple de cette époque ; sous ce
rapport, elle est digne des investi-
gations des érudits et de la curiosité
des lecteurs.

DE PASTORET,
Membre de l'Institut.
(Préambules des Ordonnances royales
Tome XX

L'*Histoire des Corporations*, de leurs coutumes, de
leurs démêlés entre elles est peut-être une bien modeste
histoire, mais c'est, à n'en pas douter, de la bonne et saine
histoire, qui nous met sous les yeux l'origine de l'association professionnelle en France, qui nous initie aux traditions de métiers, au bien-être qui en résultait pour tous et
à la contribution apportée à la fortune de notre pays par
toutes ces corporations, malgré les maux engendrés par
les guerres et les révolutions. C'est le plus beau chapitre
de notre légende nationale, dans lequel nous apprenons
à connaître la vie, les luttes, les souffrances ou les triom-

phes de ceux qui nous ont devancé dans l'existence industrielle et commerciale.

Autrefois, en effet, dans l'Alimentation, à Paris, avant la proclamation de la liberté du commerce, qui fut peut-être un grand bien pour la prospérité publique, car elle donna au commerce en général un essor inconnu, l'on pouvait dire d'un groupement d'hommes vivant du même travail, employant les mêmes matières premières, qu'ils formaient une *corporation*. Aujourd'hui, celles-ci sont abolies et, avec la confusion des métiers qu'a engendré la pratique de la liberté commerciale, nous devons nous contenter d'une formule plus modeste, et dire que nous exerçons une *profession*.

Le régime *corporatif*, (est-ce parce qu'il est plus loin de nous ?) nous paraît avoir été plus familial que le régime *professionnel* moderne, qui durant de longues années s'est contenté de s'exercer d'une façon égoïste, se renfermant en lui-même, sans s'apercevoir qu'à côté de ses intérêts propres, il y en avait d'autres qui se trouvaient lésés par cette manière peu équitable de comprendre l'exercice du travail professionnel ; ce qui eût pour effet de mettre en contradiction tous ces intérêts se gouvernant à leur guise, et que tous ces travailleurs, ayant la même besogne et des intérêts cependant identiques, en sont arrivés de nos jours à être presque les ennemis les uns des autres, tant ces intérêts leur paraissent contraires.

Toutefois, en dehors des questions professionnelles pures, il est un terrain d'entente où tous les travailleurs, où tous les corps de métiers ont l'occasion de se retrouver unis, c'est sur le terrain de la mutualité, cette nouvelle et sublime institution de solidarité sociale, dont nous espérons pouvoir contempler avant peu le complet épanouissement.

Depuis un quart de siècle environ, un courant nouveau s'est établi qui, aidé des efforts d'hommes dévoués, a, dans la mesure du possible, cherché à nous dégager de la routine et a réussi à resserrer les liens de nos professions de l'Alimentation, dans leur organisation propre à chacune d'elles d'abord, puis dans un groupement commun, connu sous le nom de *Comité de l'Alimentation Parisienne*, lequel embrasse dans son rayon d'action tous les syndicats et toutes les mutualités de l'Alimentation, ainsi qu'il nous a été donné de le constater, au banquet offert par ces associations à l'honorable M. Marguery, à l'occasion de sa nomination au grade d'Officier de la Légion d'honneur, banquet qui a réuni plus de deux mille quatre cents syndiqués et mutualistes de l'Alimentation Française et Etrangère, qui sont venus apporter leurs hommages à notre éminent président, si dévoué à la cause des humbles et des déshérités, comme consécration à l'œuvre de paix et de concorde qui a vu le jour sous ses auspices.

Notre époque, si tourmentée par l'afflux des revendications sociales, devait à elle-même de faire naître des historiographes qui, par leurs études et leurs recherches sur les coutumes passées, puissent faciliter à ceux qui, comme M. Marguery et ses collaborateurs, cherchent la solution des problèmes sociaux, si ardus à résoudre, d'y trouver des enseignements propres à mettre du calme dans les esprits, pour nous conduire sans secousse, non pas vers l'âge d'or, où tous les travailleurs seront satisfaits de leur sort, ce qui est une chimère; mais au moins vers un temps meilleur où les membres d'une |même famille ouvrière auront à cœur de mettre un peu plus d'humanité et de bon sens dans leurs rapports communs, au plus grand profit de l'existence de tous.

Notre profession de la Pâtisserie aura eu la bonne fortune, cette année, de voir paraître et d'avoir à apprécier deux ouvrages la concernant; hier, c'était M. Charabot, président du *Syndicat patronal des Pâtissiers de Paris* et Président du *Syndicat Général de la Pâtisserie Française* qui, par son livre si intéressant : « La Patisserie a travers les Ages » nous initiait à la vie intime et publique de nos ancêtres professionnels et en tirait les déductions compatibles avec les nécessités du temps présent, livre qui dénote chez son auteur un jugement éclairé et une ampleur de caractère marquée au coin du bon sens.

Aujourd'hui, M. Darenne me prie de présenter au lecteur le livre intéressant et anecdotique qu'il vient de publier sur les origines et les rapports mutuels des Corporations de l'Alimentation. Du livre, qu'ai je à dire? Une seule chose, lisez-le et, non seulement vous y trouverez un profit intellectuel, mais vous y emploierez le plus agréablement vos instants de loisir.

Quant à M. Darenne, ai-je besoin de vous le présenter? Nous connaissons et apprécions tous depuis longtemps le praticien adroit et le collègue sympathique et dévoué qu'il s'est toujours montré ; il se révèle à nous aujourd'hui comme historien érudit et brillant conteur ; qu'il reçoive nos félicitations et nos encouragements.

M. Darenne termine en nous présentant notre profession telle qu'elle est de nos jours, après avoir subi les transformations que le temps y a nécessairement apportées. Les hommes, désireux de s'instruire dans l'histoire de leur métier, trouveront assurément, dans la lecture de ces pages, des commentaires et des considérants qui sont à la louange de l'auteur.

Ces remarques auront assurément une efficacité pratique et des conséquences sur les résolutions à intervenir pour la solution de ces problèmes sociaux dont je parlais plus haut.

L'on ne peut donc que souhaiter bonne réussite à ce ce livre très documenté, d'autant plus que M. Darenne, par un sentiment de haute équité et de sympathique reconnaissance, a eu l'heureuse inspiration de le dédier à M. Marguery, Président de l'*Alimentation Parisienne*, et de l'offrir au lecteur sous son égide, ce qui nous paraît un gage certain de succès et un surcroît de considération pour la personnalité de l'auteur qui, ainsi que je l'ai dit, tient déjà une si bonne place dans notre famille alimentaire comme Directeur du Journal *La Cuisine et la Pâtisserie Françaises et Etrangères*.

L. MARCHAND,
Président de la *Saint-Michel*,
Société de secours mutuels des Pâtissiers-Glaciers.

AVANT-PROPOS

« Les Sociétés de Métiers sont probablement aussi anciennes que les
métiers ; on retrouve des traces de leur
existence et de leur action dans toutes
les histoires.

« Charles NODIER »

Dans cet ouvrage, notre désir est de placer sous les yeux du lecteur, l'histoire des corporations de l'Alimentation proprement dite ; notre étude se bornera donc aux professions culinaires seules, lesquelles nous fourniront, du reste, assez de documents susceptibles d'intéresser les ouvriers de notre profession.

Nous pensons qu'il est utile, pour tous, que chacun puisse savoir ce que nos aînés ont fait en vue de l'organisation corporative alimentaire, ne serait-ce que pour améliorer ce que tout le monde peut trouver de défectueux dans l'organisation présente de nos professions. Cet ouvrage s'adresse à tous, ouvriers et patrons ; les communautés englobaient dans une même association, patrons et ouvriers et, à l'époque de leur création, ces syndicats d'alors prenaient la défense, au même degré, des intérêts du maître, de l'ouvrier et de l'apprenti.

Il nous semble qu'avec un peu de bonne volonté, l'on pourrait aujourd'hui réussir dans une même entreprise, ayant pour but le commun accord de ces deux facteurs inséparables, quoique d'intérêts absolument opposés : *Capital* et *travail*.

Il nous sera nécessaire de diviser notre travail en deux parties bien distinctes et cela, pour la parfaite compréhension des faits, nous serons donc obligé, pour débuter, de faire un historique de la naissance et du développement des *Associations de métiers en général*, ainsi que des entraves ou des règlements de police qui ont gêné ou réglé le fonctionnement des corporations diverses. En second lieu, nous étudierons, au point de vue particulier de nos professions de bouche, l'histoire des *Anciennes confréries culinaires*, histoire éminemment instructive et qui donne naissance à des observations et à des comparaisons dont on pourrait, sans aucun doute, tirer un certain profit ; c'est l'enfance de notre confrérie d'art en France que nous allons apprendre à connaître, ce sont les statuts qui ont réglé nos devanciers que nous allons étudier, que nous allons suivre dans leurs transformations successives, sous les diverses formes de gouvernements, pour arriver à la suppression, par l'Assemblée nationale de 1791, de toutes les maîtrises et jurandes.

E. DARENNE.
Conseiller Prud'homme

LES MÉTIERS DE L'ALIMENTATION

PREMIÈRE PARTIE

TREIZIÈME ET QUATORZIÈME SIÈCLES

CHAPITRE PREMIER

Origines des Corporations de métiers

Les Communes. — Les Marchands de l'Eau. — Le Prévot des Marchands. — Etienne Boileau. — Le Livre des Métiers. — Les Confréries. — Les Redevances. — Les Banalités. — L'Echauguette. — Le Hauban. — Les Jurés. — Les Visiteurs Jurés. — La Jurande.

LES COMMUNES. — Dans notre pays, il faut remonter à l'affranchissement des communes, pour trouver le premier mouvement de solidarité entre citoyens d'une même ville ou d'un même fief. Suivant nous, la formation en corps définis et l'indépendance des métiers (tout au moins du plus grand nombre), datent de la même époque, c'est-à-dire du règne de *Louis le Gros*.

Ce fut la ville du Mans, qui la première établit la commune en 1072, mais cette institution, combattue par les barons et les évêques, ainsi que par Guillaume le Conquérant, ne lui profita que peu de temps, Cambrai eut ensuite cet honneur en 1076 et sut garder avec soin cette prérogative, puis vinrent successivement : Beauvais, Saint-Quentin, Noyon, Laon, Amiens (1115) et Soissons (1116).

Bourges, qui faisait alors partie du domaine royal, ainsi que Tours, qui appartenait au comte de Chartres, avaient déjà des magistrats électifs, désignés sous le nom de *prud'hommes*, lesquels avaient succédé aux anciens magistrats de la Gaule romaine ; un grand nombre de villes suivirent cet exemple. Dans les circonstances solennelles, les prud'hommes convoquaient les chefs de famille en Assemblée générale, pour prendre des décisions intéressant la commune, mais ces institutions de Bourges et de Tours, qui étaient particulières à ces deux villes, n'avaient pas le caractère de véritables communes.

Cette coïncidence des mouvements corporatif et communal ne fut pas un simple effet du hasard, cette coïncidence, disons-nous, tient pour une grande part aux croisades ; ces expéditions créèrent aux seigneurs des besoins d'argent pour équiper les gens qu'ils emmenaient et, cela les engagea, sans aucun doute, à reconnaître, moyennant certaines taxes définies, l'existence des *communes* et des *corporations de métiers*. Au reste, à cette époque, la bourgeoisie et les gens de métiers ne faisaient qu'un, comme nous le verrons tout à l'heure.

Lorsque les villes s'affranchirent de la servitude féodale et réclamèrent le droit communal, c'est-à-dire le droit de s'administrer par elles-mèmes ; il est évident qu'un classement dut s'effectuer, et la conséquence même de cette association communale fut, comme l'a dit Turgot, l'association professionnelle des travailleurs et des gens de métiers qui, eux également, par l'union et par la cohésion, par la mise en commun de leurs intérêts corporatifs, voulurent se défendre contre les exactions et les exigences seigneuriales et aussi contre la concurrence.

Il est utile de remarquer que dans l'organisation des communes, il n'y eût aucune entente entre celles-ci, si dans chacune les magistrats furent nommés à l'élection, la façon de les élire put varier à l'infini. Le mouvement communal, ainsi que nous venons de le dire, fut loin d'être général et n'eut pas lieu partout à la même époque ; de plus, il arriva que dans des communes, même rapprochées, ici il fut définitif et là éphémère. Il y avait aussi à compter sur la conduite des élus et sur la façon dont ils comprenaient leur mandat, le seul recours contre les abus était l'insurrection sans cette mise en éveil pour l'envie et la haine ; aussi, pour se défendre contre les ennemis intérieurs, des associations de travailleurs ne tardèrent pas à se former, qui imposèrent l'admission d'un certain nombre de leurs représentants dans l'administration communale. Nous reviendrons, du reste, sur ce sujet.

Il faut supposer, par suite de l'origine philologique du mot métier, ainsi que nous le fait judicieusement remarquer M. Alfred Bourgeois, que, primitivement, les métiers, ou tout au moins un certain nombre, furent la propriété du seigneur qui les faisait exercer à son profit, par des serfs à lui, ou, en concédait, moyennant redevance, l'exercice à qui lui convenait.

Les *communes* et les *corporations* achetèrent donc, au début de leur établissement, leur existence au seigneur dont elles dépendaient ; celui-ci abandonnant une partie de ses droits moyennant finance.

*
* *

LES MARCHANDS DE L'EAU. — Cependant, il est utile de noter que certaines corporations existaient déjà en quelques endroits, ainsi à Paris (et dans ses faubourgs) qui faisait partie du domaine royal, de celui de l'évêque et de certaines abbayes et qui n'avait pas, à cette époque, de magistrats municipaux comme quelques autres villes qui avaient déjà des maires et des consuls ; il existait alors dans la *Cité*, cette île de 1523 ares qui fut son berceau, une corporation très puissante qui datait de l'empire romain, c'était le corps des *Mar-chands de l'Eau*.

Les vainqueurs de la Gaule avaient amené avec eux les institutions qui existaient dans leur pays, et c'est ainsi que débutèrent chez nous certaines associations ouvrières. Les *Nautes Parisiens (nautæ parisiaci)*, dont les Marchands de l'eau furent les successeurs, remontent donc à la plus haute antiquité ; ils furent les représentants successifs des anciennes corporations de bateliers qui, pendant toute l'ère gallo-romaine, exploitèrent le commerce des rives de la Seine, de la Loire, du Rhône et de leurs affluents. (Consulter M. Mantellier : *Les Nautæ Ligerici.*) La plus ancienne mention que nous ayons concerne, du reste, cette corporation, qui avait, autrefois, élevé à Jupiter des autels, retrouvés plus tard dans la cité, sous l'emplacement du chœur de *Notre-Dame* ; l'un de ces autels subsiste encore, croyonsnous, au musée de Cluny. Louis VI, en 1121, leur accorda le droit de percevoir une taxe de 60 sous par bateau, arrivant avec un chargement de vins pendant la vendange. Louis VII, en 1141, leur vendit un terrain, situé place de Grève ; puis, en 1170, promulgua, très probablement sur leur demande, les statuts suivants :

« 1° Nul ne peut amener dans Paris des marchandises par eau, s'il n'est parisien, marchand de l'eau, ou s'il n'a pour associé un parisien marchand de l'eau ;

« 2° En cas de contravention, il y aura une amende,

dont la moitié reviendra au Roi et l'autre moitié aux marchands de l'Eau. »

En France alors, comme en Allemagne, la richesse obtenait chaque jour un plus grand empire, les seigneurs qui ne pouvaient ou ne voulaient l'acquérir par l'industrie, se l'appropriaient par leurs exactions ; l'autorité royale ne pouvant réprimer ces prétentions, des ligues se formèrent de tous côtés ; les opprimés réussirent, par l'union, à mettre un frein aux exigences seigneuriales.

Les marchands de l'Eau furent des premiers à donner l'exemple ; par la nature de leurs attributions et par l'extrême importance qu'ils surent acquérir, ils arrivèrent à constituer le noyau de la bourgeoisie, et, par la force des choses, s'emparèrent d'une partie du pouvoir municipal ; ce fut dans leur sein que se recrutèrent les échevins, du reste (comme nous le fait remarquer M. Perrens, le distingué auteur d'*Etienne Marcel*), aux termes mêmes des lois romaines, passées dans la coutume de Paris, les magistrats municipaux devaient être choisis « *Inter municipes et honoratos* ». Aucune association n'étant aussi ancienne, ni aussi florissante, ils furent tout à la fois magistrats et négociants, la tranquillité des villes, qui pouvait dépendre de leur approvisionnement étant entre leurs mains. Par l'adjonction des corporations de métiers qui se constituèrent sur le même modèle, cette puissante fédération devint plus tard la « *Hanse* », d'où sortit la municipalité parisienne.

** **

LE PRÉVOT DES MARCHANDS. — Le chef de cette municipalité fut, dès le début, le délégué des *Marchands de l'eau*, lesquels possédaient le droit exclusif de la navigation sur la Seine depuis Auxerre jusqu'à Mantes ; il portait le titre de *Prévôt des Marchands de l'eau ;* les autres corporations suivirent cet exemple et eurent (tout au moins les plus puissantes) également, chacune, leur prévôt ; mais, afin d'avoir plus de force, elles s'unirent et nommèrent des chefs appelés *Échevins* qui choisirent parmi eux un *Prévôt ;* ce fut le *Prévôt des Marchands*, lequel administrait avec le concours de vingt-quatre prud'hommes pris parmi les plus anciens des bourgeois. Le Prévôt des Marchands avait : la police des ports, l'administration des revenus de la ville, des remparts et des portes, l'inspection des rues, des quais, des ponts, la perception des octrois, etc. ; la bourgeoisie obtint toutes ces faveurs à prix d'argent, par suite de la construction de nouveaux remparts qu'elle avait prise à sa charge.

Le Prévôt de Paris présidait un Conseil de justice dénommé le *Parloir aux bourgeois* ou *Maison de la Mar-*

chandise ; il hérita de tous les pouvoirs des anciens comtes à la mort du frère de Hugues Capet, dernier comte titulaire décédé sans héritiers en 1032, n'ayant plus dès lors d'autres chefs hiérarchiques que le Roi, son Conseil, et, plus tard, le Parlement.

***

LE PARLOIR AUX BOURGEOIS. — Avant l'existence de la *Maison aux Piliers,* qui fut le premier Hôtel-de Ville de Paris, les Assemblées de Bourgeois et Commerçants notables se tenaient : soit à la *Vallée de Misère* (endroit qui devait se trouver sur le parcours actuel de la rue des Halles), dans la *Maison de la Marchandise ;* soit près de Saint-Leufroy et du Grand-Châtelet, à quelque distance de là, dans un local appelé le *Parlouer aux Bourgeois ;* soit encore à la Porte Saint-Michel, dans un bâtiment adossé aux Jacobins et appelé également *Parloir aux Bourgeois.*

(Une inscription apposée sur le mur de la maison d'angle des rues actuelles *Soufflot* et *Victor Cousin* marque l'emplacement de l'ancien Parloir aux Bourgeois, ce qui donne à penser qu'il a dû, à une certaine époque, changer de local.)

M. François Bonnardot fait, du reste, mention d'une requête présentée en 1505 (17 février) par les frères prêcheurs, requête touchant la propriété de l'ancien Parloir aux bourgeois, lequel était situé entre les portes Saint-Jacques et Saint-Michel, ce qui indique que c'est celui qui se trouve mentionné par l'inscription que nous signalons. C'était, dit M. Legrand, architecte topographe, une singulière construction de forme rectangulaire placée en saillie sur le nu de la Courtine ; elle avait son étage habitable fort élevé au-dessus des fossés ; elle servit aux Assemblées des Membres du Bureau de la Ville qui n'en abandonnèrent jamais entièrement la propriété ; la jouissance seule en fut accordée aux jacobins.

* *
*

MAISON DE LA MARCHANDISE. — La Maison de la Marchandise devait se trouver dans l'espace compris à cette époque entre les rues *Pierres à poissons* (au long de cette rue, on voyait des pierres plates et polies sur lesquelles les vendeurs de poissons étalaient leur marchandise) et de la *Saunerie* (où se tenaient les marchands de sel), à l'ouest du *Châtelet*, lequel donnait sur le quai Saint-Michel, en face du Pont-au-Change et était limité par les rues de la *Triperie*, de la *Jouaillerie* et *Pierres à poissons* ; le *Châtelet* était le siège de la Prévôté de Paris.

Nous avons dit que le Prévôt, qui réunissait dans ses mains les pouvoirs militaire, administratif et judiciaire, commandait au nom du roi.

Cette très importante charge finit par devenir vénale, elle s'achetait au trésor royal ; mais il va sans dire que ceux qui l'avaient acquise à bons deniers comptants ne manquaient pas de se rattraper de leurs débours par leurs exactions envers les bourgeois et les marchands.

***

ÉTIENNE BOILEAU. — Ce fut Saint-Louis qui, pour mettre un terme à ce scandale, défendit de vendre à l'avenir la charge de prévôt et désigna, en 1254, Étienne Boileau pour remplir cette importante fonction ; le nom de Saint-Louis reste donc attaché au fait de l'organisation des corporations, au même titre que celui d'Étienne Boileau, homme de très grande valeur, qui entreprit en 1268 (cela peut-être plutôt dans un but de police en faveur du public que dans un but d'intérêt pour les corporations) de mettre en écrit les statuts et règlements des *Métiers de Paris ;* ces règlements jusqu'alors se transmettaient de bouche en bouche, par tradition, comme toutes les coutumes de ce temps, et aucune pièce officielle n'existait qui pouvait faire foi des règlements particuliers à chaque corporation. Ces règlements empêchaient la fraude sur la qualité de la marchandise et exigeaient que tout travail fut bien exécuté ; la corporation, qui avait la garde de l'honneur du métier, n'aurait pas laissé mettre en vente un objet laissant à désirer ; ils donnaient une garantie aux procédés de fabrication qu'ils empêchaient toutefois d'améliorer.

La corporation, d'autre part, maintenait la cherté des prix par le monopole et interdisait la concurrence à ceux qui n'étaient pas du métier ; mais, par la suite, elle voulut exclure de la maîtrise le compagnon et l'apprenti qui n'étaient pas fils de maître, ce qui prouve que le grand souffle de fraternité qui s'était fait sentir lors de l'émancipation des communes s'était considérablement affaibli et que, là comme partout ailleurs, l'esprit de privilège commençait à se faire jour.

*
* *

LE LIVRE DES MÉTIERS. — Cette œuvre d'Étienne Boileau, mettant en écrit les statuts des corporations, fut ce que l'on désigne aujourd'hui sous le nom de *Livre des Métiers*, ouvrage qui s'intitulait alors *Établissements des Métiers de Paris*. Les jurés et prud'hommes des corporations qui en firent la demande comparurent au Châtelet et firent enregistrer les statuts et règlements de leurs corporations respectives. Ce ne fut donc pas Étienne Boileau qui donna des règlements aux Métiers ; il ne fit que collationner et donner une existence matérielle à des statuts depuis longtemps en usage. Du reste, toutes les corporations ne se firent pas inscrire, et nous citerons notamment celle des *bouchers* qui avait cependant déjà des statuts depuis fort longtemps. Cent vingt et une corporations seulement accédèrent au désir d'Étienne Boileau, ce qui facilita néanmoins, dans une large mesure, l'exercice de sa juridiction.

***

LES CONFRÉRIES. — On désigne aujourd'hui sous le nom de *corporation* l'association de gens du même métier, mais, dans les textes de l'ancien régime, ce mot n'existe pas, pour ainsi dire ; on désignait alors sous le nom de *communauté* l'association regardée comme personne civile et de *confrérie* la même institution sous sa forme religieuse ; plus tard, ces termes se transformèrent en ceux de *métier-juré* au XVIᵉ siècle et de *maîtrises* et *jurandes* au XVIIᵉ (d'après Lespinasse).

La *corporation*, ou plutôt la *confrérie* du moyen-âge, englobait trois sortes d'individus : les maîtres, les ouvriers et les apprentis ; l'administration de la confrérie était confiée à des *maîtres-jurés* chargés de faire respecter les règlements et de visiter les ateliers et magasins de vente. Les ressources des confréries se composaient des cotisations annuelles des membres, des droits perçus pour l'admission des apprentis ou à la maîtrise, des amendes et de donations. La corporation était, à cette époque, une véritable famille, le maître devait surveiller son apprenti aussi bien au dehors qu'à l'atelier.

(Ceci existe encore aujourd'hui chez les pâtissiers ; notre corporation est, du reste, l'une de celles où les choses ont le moins changé, et, dans la plus grande partie des maisons, surtout en province, on y est encore en famille comme alors. Voir 3ᵉ partie à ce sujet.)

L'ouvrier ou varlet ne pouvait être congédié sans motif, et, souvent, dans certaines corporations, le motif du renvoi était examiné par deux varlets et quatre maîtres-jurés du métier.

Après un certain temps écoulé et variable suivant les professions, l'ouvrier pouvait aspirer à la maîtrise ; il fallait, en général, qu'il appartînt à la religion catholique, qu'il fut de bonne vie et mœurs (*qu'il soit preud'hom et loial*, Livre des Métiers, titre LXXII), qu'il subisse un examen professionnel et qu'il paie les droits de maîtrise.

Les orphelins fils de maîtres étaient favorisés pour l'obtention de la maîtrise, ainsi que les veuves et filles de maîtres qui jouissaient de certains privilèges ; ces faveurs resserraient les liens de la famille et engageaient le fils à suivre la carrière du père ; elles donnaient de l'autorité à ce dernier et étaient un trait d'union entre les membres de la même confrérie en ce sens que l'ouvrier pouvait, en épousant la fille d'un maître mort sans enfant mâle, devenir maître à son tour. Donc, suivant nous, les confréries, à cette époque, étaient de véritables familles de travailleurs mettant en communauté : leur surveillance, leur protection et leur assistance mutuelles.

*
* *

DES REDEVANCES. — En province, les corporations s'instituèrent sur le modèle de celles de la capitale, et là, comme à Paris, du reste, parmi les redevances que les métiers devaient payer au comte ou au seigneur, figure en premier lieu le *droit d'étal*, c'est-à-dire droit sur les étaux de certains établissements, notamment de l'alimentation ; ce droit se payait, en général, deux fois par an et équivalait, en quelque sorte, à la patente actuelle. Venait ensuite le droit d'*imposition sur les marchandises ;* M. Alfred Bourgeois nous fait remarquer que, si quelques métiers, comme les maçons, charpentiers, etc., ne payaient pas le droit d'étal, et cela évidemment parce *qu'ils ne vendaient pas* sur étalages, ils payaient, par contre, comme les autres, les droits sur les denrées ou marchandises.

Il y avait encore les *banalités* (1) que certains métiers payaient ; cependant, les *talmeliers* (boulangers) n'étaient pas astreints à la banalité du four, quoique pouvant l'être à celle des moulins.

* *

L'ÉCHAUGUETTE. — L'une des redevances les plus importantes était celle de l'*échauguette,* car c'était une coutume générale au moyen-âge que les métiers fussent chargés de la garde de la ville. Mais, à dater de certaines époques, ces servitudes se transformèrent en une redevance pécuniaire ; toutefois, les comptes portaient toujours la répartition par corporations, et certaines ne devaient l'échauguette que trois fois par an, d'autres une fois par semaine ; il y avait néanmoins des exceptions pour certains jurés, ainsi qu'une limite d'âge, mais cette redevance semble n'avoir jamais été exigée que des gens de métiers, car la teneur du rôle indique toujours, selon M. Bourgeois, qu'il s'agit de « *l'échauguette qu'ils doivent à cause de leur métier.* » Au XIVe siècle, lorsque, par suite des guerres fréquentes,

---

(1) *Banalité.* Droit du seigneur d'obliger ses sujets à se servir, moyennant une redevance : de son moulin, de son pressoir, de son four, de toutes choses, en un mot, pouvant être d'un usage collectif.

les comtes, pour défendre leur ville, organisèrent le *guet*, ils eurent bien soin de stipuler « qu'ils réservaient l'*échauguette* qu'ils avaient sur les gens de métier » ; mais, toutefois, les gens qui faisaient le guet ne payaient pas l'*échauguette* et quiconque payait l'*échauguette* était dispensé du *guet*.

Nous citerons, au sujet du guet, des lettres patentes de Louis XI, datées de Chartres (1467), contenant la distribution des bourgeois, artisans et marchands sous certaines bannières, pour la garde et la sûreté de la Ville de Paris ; nous y remarquons :

Boulengiers formeront une bannière ;

Pâtissiers, *musiners* formeront une bannière ;

Poulaillers, *queux*, *rôtisseurs* et *saucissiers* formeront une bannière ;

Hostelliers et *taverniers* formeront une bannière, etc.

Il y avait encore pour le comte le droit de *police* et *d'amende* ; notamment le droit d'abonnement, payé par les *talmeliers*, pour faire de grands pains de plus de quatre deniers (Blois 1355) et la permission, aux *bouchers*, de vendre chair le samedi, à condition d'en mettre en vente le dimanche (1430).

*
*

LE HAUBAN. — Il y avait encore un droit qui existait en certaines contrées, c'était le *Hauban* ; ces termes, ban, hauban, ont eu dans le droit féodal, dit M. Lespinasse, plusieurs significations différentes ; le registre des talmeliers dit : « Hauban est le nom propre d'une coutume assise anciennement, par laquelle il fut établi que quiconque serait *haubanier* aurait plus de franchise et moins de droits à payer pour son métier et pour son commerce ».

Les talmeliers rappellent dans les statuts de Boileau, que le droit de Hauban était fixé par Philippe-Auguste, à la somme annuelle de six sous (le sou, à cette époque, valait environ 1 fr. de notre monnaie) et qu'il accorda, aux seuls talmeliers de Paris, le droit de vendre du pain tous les jours de la semaine, n'accordant que le samedi, jour de marché, aux talmeliers de la banlieue. Ce droit de *hauban*, qui était en quelque sorte une redevance en résumant plusieurs autres et dispensait par conséquent de paiements successifs, n'existait pas chez les *Cuisiniers-Oyers*, ni chez les *Oublayeurs*, prédécesseurs des pâtissiers.

*
* *

LE TONLIEU. — Nous citerons aussi le *Tonlieu*, impôt de vente, payé presque toujours en nature, par certaines corporations, notamment les boulangers. « *Cils qui vendent eschaudés en hales de Paris, au samedi par devers les tonneliers, doivent chascun demie d'eschaudés de halage* » (*Livre des Métiers*, 2me partie, titre IX).

**

RÉGLEMENTATION DU TRAVAIL. -- La plupart des statuts interdisaient le travail de nuit, cette interdiction avait pour but d'empêcher tout travail clandestin, d'autre part, l'éclairage à cette époque laissait à désirer, cependant il y avait des exceptions pour certains métiers et pour certaines circonstances ; nous ne nous étendrons pas sur ce sujet sans importance pour nos professions.

**

JURIDICTIONS SPÉCIALES. — En dehors de la juridiction prévotale, au nom du roi, il existait quelques juridictions spéciales, aux mains de certains seigneurs ou de certaines abbayes, propriétaires du fief ; il y en avait aussi sous l'autorité de certains *grands maîtres,* ainsi en ce qui nous concerne : le *maître-queux* (cuisinier du roi), avait un *droit de surveillance* sur certaines professions, par exemple sur les poissonniers, dont il nommait les jurés chargés d'estimer le poisson pour la « *prise* ».

Nous reparlerons plus loin de ce droit de prise.

(Voir *Hôtelliers, cabaretiers*).

* *

ORDONNANCES DE CHARLES V. — En examinant les statuts avec attention, on remarque que ce qu'ils contiennent en substance, c'est avant tout une garantie de fabrication en faveur du public, un code des usages adoptés par les membres de la corporation, entre eux et vis-à-vis des autres corporations ; des règles sur le droit d'exercice du métier et l'approbation de cet ensemble par le pouvoir royal, lequel ne manifesta jamais beaucoup de sympathie envers les corporations. L'on verra plus tard, dès le xive siècle, plusieurs ordonnances mettre le trouble dans ces associations.

Sous Philippe le Bel déjà, le Prévôt de Paris avait acquis une grande importance politique et le roi profita habilement de l'influence qu'il exerçait sur ses concitoyens pour obtenir de bonne volonté ce qu'il n'aurait peut-être pas obtenu par la force. Etienne Marcel, qui fût prévôt sous le roi Jean et sous la lieutenance du dauphin Charles, fit ressortir d'une manière saisissante aux Etats-Généraux de 1355, où il présidait le Tiers-État, le poids de la volonté populaire.

Les communautés n'eurent pas toujours, comme nous le disions plus haut, la sympathie du pouvoir royal ; sous Charles V, déjà elles commençaient à devenir gênantes pour la société industrielle, comme les communes l'avaient elles-mêmes été pour la Société politique ; aussi le roi essaya-t-il d'établir la liberté de l'industrie, par une ordonnance de 1358, dans laquelle il déclare que : « Tous ceux qui peuvent faire œuvre bonne, peuvent ouvrer en la ville de Paris » ; mais les coutumes furent plus fortes que la loi et il fallut attendre l'arrivée au pouvoir de Turgot, pour reprendre ce chimérique projet. Une ordonnance du même roi (1370) accorda la noblesse aux prévôts et échevins de Paris, ce qui, pour l'époque, était une mesure assez avancée. (Il fût même d'usage courant par la suite, que dans les banquets offerts par la municipalité au roi, le Prévôt des marchands servit le roi, et les échevins les autres membres de la famille royale, en suivant l'ordre hiérarchique, nous constatons ce fait en 1549 et même en 1687 au banquet offert à Louis XIV, le 30 janvier, pour fêter le rétablissement de sa santé).

*_**

LES JURÉS ET LES VISITEURS JURÉS. — La nomination des jurés, dans certaines professions, n'implique pas que ces professions étaient organisées en communautés; ces jurés prêtant serment au Prévôt, lequel représentait l'autorité royale, n'étaient en quelque sorte que les délégués du pouvoir public, même s'ils étaient présentés par leurs confrères à l'acceptation du Prévôt

Dès 1383, Charles VI, ou plutôt son oncle et tuteur le duc d'Anjou, par une ordonnance du 27 janvier (ordonnance rendue à la suite de la révolte des Maillotins), supprime tout groupement, même sous forme religieuse, des gens de même métier et remplace cette institution par celle des *visiteurs-jurés*, dépendant de lui seul et inspectant des individus ne formant pas communauté ; cette révolte, dite des *Maillotins*, eut lieu à la suite d'un édit, daté de février 1382, créant un nouvel *impôt sur toute marchandise vendue*. Le 1er mars l'émeute éclata aux Halles, les rebelles s'emparèrent de l'arsenal, où ils prirent comme armes des maillets neufs, amassés pour combattre les Anglais et le nouvel impôt fut retiré. Voici un extrait de cette ordonnance de 1383 :

« Ordonnons que en chascun mestier soient eslevez par nostredit Prévôt, appelez ceulz que bon lui semblera, certains prud'hommes dudit mestier pour visiter icelui, afin que aucunes fraudes n'y soient commises, lesquelz y seront ordonnez et instituez pour nostredit prévost de Paris... lesquelz, seront tenus de visiter les denrées selon l'ordonnance de nostredit prévost, et seront nommez et appelez *visitateurs* du mestier duquel ils seront. »

Ces visiteurs, appelés à remplacer les jurés, indiquent que la suppression des confréries n'équivalait pas à la suppression du régime corporatif, c'était simplement une mesure de police ; cette ordonnance ouvre du reste, en quelque sorte, l'ère des ordonnances que nous allons énumérer plus loin.

En résumé, le pouvoir royal se méfie des communautés de métiers, comme il s'est toujours méfié des communes ; l'appât de l'argent l'a fait les reconnaitre dans la plupart des cas, mais sans pour cela cesser d'apporter des entraves à leur libre exercice, toujours sous le prétexte de l'intérêt public et de l'intérêt bien entendu des communautés elles-mêmes.

Par la suite, il arrivera à les ruiner, ne leur laissant pour bénéfice qu'un privilège, qui sera lui-même une gène pour le public et pour l'ouvrier, ne possédant pas le moyen d'arriver à la maitrise.

** **

LA JURANDE. — A l'origine, la *confrérie*, qui réunissait certains membres d'une même corporation et qui était très probablement ouverte à tous, n'était pas obligatoire ; la *jurande* naquit de la transformation de cette faculté d'association en une obligation exigée par l'Etat, et cette transformation fut le fruit des réclamations causées par les monopoles et les privilèges ; ce furent les confréries elles-mêmes qui la demandèrent, afin de bien fixer leurs droits.

Mais si la royauté intervint dans cette question, elle fit payer très cher son intervention et la tutelle que se donnèrent les nouvelles jurandes, ne les mena que lentement, il est vrai, mais sûrement, à la ruine.

CHAPITRE II

DU XVe AU XVIIIe SIÈCLE

Modifications dans l'organisation des Communautés

LES JURÉS. — Au xve siècle, lorsque parurent les premiers règlements de police, s'il était urgent de constater qu'un marchand n'avait pas son étal garni, ou s'il vendait chair en carême, ou pour constater qu'un boulanger, par exemple, vendait des pains aux poids non réglementaires, il suffisait d'envoyer un sergent qui constatait le fait, mais s'il s'agissait de constater des cas de malfaçon chez un artisan, ou l'emploi de marchandises de mauvais aloi, il devenait utile de faire constater la chose par un homme du métier, de là est né *l'intermédiaire entre le comte et le métier,* autrement dit le *juré.*

Il est nécessaire de répéter ici que, au début, l'existence d'un juré dans une corporation n'était pas l'indice de l'existence d'une Société corporative ; le juré pouvait très bien être un homme de métier, choisi par le seigneur, lui ayant prêté serment et non élu par ses confrères, quoique chargé de faire respecter les ordonnances par ceux-ci, associés ou non. Il opérait alors au nom du roi et non à celui de la communauté ; mais, nous devons reconnaître qu'il y avait là un acheminement vers la constitution en communautés des professions pour lesquelles ce genre d'association n'existait pas encore.

Par la suite, le ou les jurés, représentants du seigneur, en raison du contact permanent qu'ils avaient avec les gens de métiers, finirent par devenir plutôt les représentants de ces derniers que ceux du pouvoir et, finalement, ce furent les corporations qui élurent leurs jurés, mesure qu'elles obtinrent, soit de bonne volonté, soit au moyen du paiement d'un droit.

*
* *

LES COMMUNAUTÉS. — Les communautés prirent naissance, comme nous l'avons dit, de la coalition des intérêts identiques des gens de métiers ; mais elles furent avant tout des *confréries*, ne pouvant vivre à cette époque qu'avec la consécration religieuse ; du reste, l'Eglise encourageait ces associations qui lui apportaient le concours de leur dévotion et des subsides pour les services du culte.

Avant qu'elles n'obtinssent des statuts, les confréries étaient libres, mais non pas privilégiées, et, il était loisible à chacun de n'en pas faire partie, quoique le cas dût être fort rare ; du jour où le roi homologue les statuts et rend la communauté obligatoire, il accorde à celle-ci un privilège considérable, mais tyrannique. Les anciennes confréries se fondirent dans les nouvelles associations, leur apportant leur cohésion et leur caisse.

***

L'ÉDIT DES SUISSES. — Ce fut Henri IV qui, en avril 1597, lança de Saint-Germain-en-Laye, un édit prescrivant l'exécution de l'ordonnance de 1581, signée par Henri III, laquelle n'avait pas reçu d'exécution et qui ordonnait que : « dans tout le royaume les métiers fussent jurés. »

Cet édit eut une importance considérable, parce qu'il servit de point de départ à une multitude d'autres édits sur les offices et sur les communautés, il avait été imaginé par Henri IV afin de payer ses troupes suisses qui réclamaient et il prit dans l'histoire le nom d'*Édit des Suisses*.

Cet édit facilita l'admission à la maîtrise et organisa les métiers sur un plan uniforme ; il fût immédiatement appliqué ; ainsi, à Blois, dès 1598, les *lardiers-regrattiers* demandèrent et obtinrent le nom et les statuts des *charcutiers* parisiens, de même les *rôtisseurs* s'organisèrent comme ceux de Paris. Remarquons que cet édit permettait de se faire admettre dans deux métiers du même genre, en faisant deux chefs-d'œuvres.

Voici un extrait de cet édit :

***

ÉDIT DE HENRI III SUR LES MAITRISES (1581). Décembre. — ART. 12. « En beaucoup des dites villes, faulxbourgs, bourgs, bourgaddes et aultres lieux, il y a aucuns artisans qui exercent deux métiers ensemble, comme *apothicaires* et *épiciers*... *boulengers* et *pasticiers*, *rôtisseurs* et *pasticiers* et autres en semblable. Nous voulons que ceulx qui exercent et vouldront exercer, lesdits deux métiers ensemble ès-ville et faulxbourg, ou il y a d'ancienne maîtrise instituée, le puissent faire, pourvu qu'ils ayent ci-devant fait, ou facent cy après chef-d'œuvre séparé, pour chacun de ceux desdits métiers, qui ont été de tout temps tenuz et réputez en icelles pour mestiers séparez, avant que les pouvoir exercer... »

Les contraventions aux ordonnances et aux statuts étaient constatées par les jurés, lesquels étaient en plus ou moins grand nombre dans chaque corporation, et élus également pour un temps plus ou moins long.

*
* *

DROIT DE VISITE. — Les jurés avaient le droit de visite au domicile, à l'ouvroir et aux étalages des maîtres ; ils se présentaient quand et aussi souvent qu'il leur plaisait, il leur était même, dans certaines professions, imposé un *minimum* de visites, qu'ils étaient dans l'obligation de faire ; suivant les métiers aussi, ils se présentaient, soit sans formalité aucune, soit accompagnés d'un sergent représentant la force publique. Ils opéraient la saisie des objets non conformes aux règlements et faisaient leur rapport au Prévôt, qui, seul, incarnait la *justice* à l'égard des métiers ; nous reviendrons sur ce droit de visite à propos des *monopoles*. (Voir plus loin.)

*
* *

PÉNALITÉS. — Les peines infligées pouvaient être : l'amende, dont le taux était fixé le plus souvent par les statuts. (Art. 2, statuts de 1440, *pâtissiers* et art. 3 et

7, statuts de 1566). L'on ne peut se dispenser de remarquer que, bien peu souvent, à ce sujet, les statuts se
préoccupent de l'intérêt du consommateur, sauf cependant pour les rôtisseurs et quelques autres professions.
(Art. 12, statuts de 1590. *Rôtisseurs* de Blois.)

Ces amendes ont plutôt pour but de sauvegarder les
privilèges et éviter la concurrence. Il y avait encore la
confiscation et la destruction de la marchandise ; en
dernier lieu, la prison et même la privation du métier.

Ces visites des jurés étaient, la plupart du temps,
suivant les métiers, rémunérées par une part des
amendes.

Au siècle précédent, la fraude ou la mauvaise qualité de la marchandise coûtaient quelquefois plus cher,
nous citerons simplement ce fait, d'après M. Lazare.
(*Histoire de l'Administration municipale de Paris*) :

« Le 22 juin 1351, Jacques Tondeur, inspecteur
assermenté, chargé de la surveillance de la boucherie,
saisit de la viande suspecte dans la boutique de Bardel,
maître boucher, rue Baudet-Saint-Antoine, au *Tocquet
des Epousseurs*, après procès-verbal dressé et transmis
au syndic, l'inculpé étant coutumier du fait, la *dégra-
dation* de Pierre Bardel fut demandée et, *assimilé à un
empoisonneur*, il fut condamné à être conduit au pilori
des halles et à y mourir de la main du bourreau. Le jour
de l'exécution, les 127 bouchers de Paris se rendirent
aux Halles et assistèrent, tête nue, à l'exécution de leur
confrère. »

L'on voit qu'à cette époque, il ne fallait pas plaisanter avec les règlements qui étaient jalousement gardés par les jurés des communautés.

Maîtres, Compagnons, Apprentis

Comme nous l'avons dit déjà, la communauté englobait trois sortes d'individus : les maîtres, les ouvriers et les apprentis. Il y a donc lieu d'étudier les rapports des maîtres entre eux, les rapports des maîtres avec les ouvriers ou compagnons, et ceux des maîtres avec les apprentis. Il est à remarquer que, dans la grande quantité des cas, les statuts sont faits pour la satisfaction des maîtres.

⁎

MAITRES. — En ce qui concerne les rapports des maîtres entre eux, examinons d'abord les devoirs qu'ils devaient remplir vis-à-vis de la communauté ; c'étaient de nommer les jurés et d'assister aux assemblées, de payer ses cotisations, de répondre pour sa part des dettes et de figurer aux cérémonies religieuses.

Les *rôtisseurs* nommaient quatre jurés, ainsi que les *boulangers*, la période d'élection la plus ordinaire était d'un an, mais elle avait l'avantage d'être partielle, ce qui permettait aux nouveaux jurés d'être mis au courant de leurs fonctions par les anciens en charge ; ainsi, chez les *rôtisseurs*, sur quatre jurés, deux étaient remplacés chaque année.

Ce nom de *juré* était presque universellement adopté, sauf chez certaines corporations qui désignaient leurs élus sous le nom de *prud'hommes*, d'autres sous le nom de *gardes*, plus généralement employé par les métiers marchands.

Dans un certain nombre de corporations, les *jurés* n'étaient pas les seuls représentants de leurs confrères ; il y avait chez plusieurs d'entre elles des *procureurs*, des *syndics*, chargés de diverses fonctions, comme par exemple de l'administration des biens de la *communauté* ; il arriva même, à un certain moment, que plusieurs métiers durent rendre les fonctions de juré obligatoires, par suite du manque de candidats de bonne volonté.

Les obligations des maîtres, vis-à-vis de la communauté, consistaient encore dans le payement de certains droits : droit à payer par le maître qui se marie, droit à payer par les parents du défunt que la communauté a accompagné, etc...

Toutefois, l'esprit de solidarité existait déjà et l'assistance mutuelle fonctionnait dans beaucoup de corporations ; nous citerons notamment les *cuisiniers* et les *merciers*.

Les maîtres de métiers ne manquaient pas de remplir leurs devoirs en assistant aux cérémonies du culte; du reste, une place leur était assignée dans l'ordre des préséances.

Parmi les obligations des maîtres, il y avait encore celle de ne pas vendre les dimanches et jours de fêtes ; dans certaines professions, deux maîtres à tour de rôle assuraient le service de la profession en restant ouverts ce jour-là.

Au point de vue de la concurrence, il était interdit d'avoir plus d'un ouvroir et celui-ci devait avoir son ouverture sur la rue, ce qui facilitait la surveillance, il était également interdit d'appeler le client arrêté devant l'étal d'un confrère (*rôtisseurs*), de déprécier la marchandise de celui-ci, ou même de refuser d'indiquer la demeure d'un confrère. Il était absolument défendu d'empiéter sur les privilèges des métiers connexes, et ceci, plutôt dans le but d'empêcher l'individu réunissant deux métiers d'avoir *un avantage sur ses confrères*, que dans le but de *respecter les droits de la communauté lésée ;* toutefois, en 1581, cette façon de voir reçut une atteinte, comme nous l'avons vu plus haut, par suite de l'admission à la maîtrise de deux métiers connexes.

*
* *

COMPAGNONS. — Les statuts, en général, insèrent plutôt les devoirs des compagnons envers les maîtres, que les devoirs de ces derniers envers les compagnons. Le compagnon, c'est l'ouvrier affranchi de l'apprentissage et connaissant la pratique de son métier; pour de compagnon passer maître, il était indispensable dans certaines professions de subir un stage, ce stage était du reste rendu obligatoire par la nécessité d'exécuter le chef-d'œuvre et de subir l'expérience, toutes choses qu'un apprenti frais émoulu aurait été bien en peine de mettre à exécution, sans avoir eu le temps de se perfectionner comme compagnon ; au surplus, il était encore nécessaire d'acquérir l'expérience indispensable pour diriger un ouvroir et les subsides pour acheter la maîtrise. Cette dernière faculté n'était guère accordée qu'aux fils de maîtres, par la force même des choses. Nous remarquons que chez les *Pâtissiers* le compagnonnage obligatoire était de six mois, chez les *boulangers* de quatre ans, chez les rôtisseurs de six ans.

Au point de vue du travail des femmes, les statuts étaient muets pour la plupart, sauf en ce qui concerne les veuves de maîtres qui avaient la faculté de continuer le commerce de leur mari et pouvaient conserver l'apprenti, mais auxquelles il était interdit d'en engager un nouveau (pâtissiers, statuts de 1566, art. 18) et encore fallait-il que la veuve se maintînt, ainsi que le disent très crûment les statuts en *état de viduité*. (Rôtisseurs, statuts de 1744, art. 15.)

Elle pouvait donc continuer le métier du mari, mais avec la collaboration d'un compagnon *expérimenté*.

Le compagnon, arrivant dans une ville où, sortant d'apprentissage, *devait se faire inscrire à la communauté* et payer une somme déterminée ; il lui était absolument interdit de travailler à son compte. (Édit de mars 1673.)

Il était encore interdit au compagnon de se débaucher dans certaines conditions ; tout compagnon qui voulait quitter son maître, devait l'en prévenir avant l'expiration du temps pour lequel il était engagé. (*Pâtissiers*, sentence du 31 octobre 1739 ; *quinze jours.*) On exigeait parfois que ce congé fût donné par écrit ; dans un très petit nombre de corporations, les ouvriers avaient droit à la réciprocité, leur maître était tenu de les prévenir quelques jours à l'avance, s'il ne comptait pas renouveler leur engagement. La police était très sévère pour l'ouvrier qui abandonnait son atelier avant l'époque convenue, s'il ne reparaissait pas dans le délai de trois jours, il était mis en état d'arrestation et « amené ès-prison du Chatelet » ; il s'entendait condamner, après interrogatoire, à sortir de Paris et n'y pas rentrer avant trois années écoulées. (Sentence de police du 24 octobre 1692, etc.)

Nous devons, pour donner une idée de la sévérité des règlements de l'époque, citer la sentence prévôtale du 18 octobre 1669, applicable aux compagnons *chaircuitiers* :.« Faisons deffenses à tous maîtres *chaircuitiers* de *plus donner à travailler* à aucun compagnon qui sera obligé et qui aura commencé son année chez un autre maistre, qu'il n'ait un consentement par écrit du maistre, duquel il sera sorti, à peine de *cent livres* d'amende. Comme faisons deffenses aux compagnons de quitter leurs maistres chez lesquels ils seront obligez et auront commencé leur année, qu'elle ne soit *complètement achevée*, à peine de *prison*, de *privation de leurs gages*, *restitution de ceulz qu'ils auront touchez* et de *cinquante livres* d'amende. »

Si nous passons aux *bouchers*, nous voyons que défense leur est faite de *quitter leur maître* avant *un an accompli de service*, depuis Pâques jusqu'au Carême suivant, et de *se placer dans le même quartier durant deux ans*, même comme maître ; sauf s'il épouse une veuve ou fille de maître établie dans ledit quartier.

Ceci se passe de commentaires.

*
* *

L'EMBAUCHAGE. — Pour l'embauchage, un certain nombre de corporations prirent l'habitude de désigner un embaucheur, payé par la corporation, et chargé d'une part de donner de l'ouvrage aux compagnons qui viendraient en demander et d'autre part de fournir des ouvriers aux maîtres qui en avaient besoin ; ce fut, en quelque sorte, le début des *bureaux de placement*.

Les *Pâtissiers* sans travail devaient s'adresser au bureau de la corporation où siégeait le clerc chargé des écritures. Il était défendu aux maîtres pâtissiers (statuts de 1566, art. 31) d'engager « aucuns serviteurs, sinon par les mains du clerc du mestier ». Ce bureau était situé pour les *pâtissiers, rue de la Pelleterie*, d'après M. de Lespinasse et rue de la *Poterie*, non loin de la rue de la Lingerie, d'après M. Franklin ; il est probable que cette divergence d'opinion provient d'un changement de local, effectué à une certaine époque.

Pour les *rôtisseurs*, le bureau était situé *quai des Augustins.*

L'embaucheur ne devait rien exiger, ni du compagnon, ni du maître, son salaire était fixé par le procureur du Roi, tous les ans, lors de la reddition des comptes de la communauté.

La rue de *la Pelleterie*, qui au xiiᵉ siècle était surtout habitée par des Juifs, s'étendait de la rue *Saint-Barthélemy* à celle de la *Lanterne*, en face *Saint-Denis de la Charte ;* elle passait sous l'emplacement actuel du Tribunal de Commerce, quatre ruelles existaient dans cette rue, parmi celles-ci, nous citerons la rue du *Port-aux-OEufs*, l'une des plus anciennes de Paris. (Voir H. Legrand, *Topographie de Paris en 1380.*)

*
**

LES HALLES. — Dès le xivᵉ siècle, principalement à l'entour de l'emplacement des Halles actuelles, qui était un peu le centre de Paris, les corps de métiers et de marchands étaient réunis par ordre méthodique dans certaines rues spéciales ; nous voyons, du reste encore, les rues de la *Lingerie*, de la *Triperie*, de la *Grande et Petite-Truanderie*, etc., il y avait là un ordre imposé par l'autorité, pour lui faciliter la surveillance et surtout la perception des droits. La rue aux *Oues* (rue aux Ours actuelle, par corruption du mot oues, qui signifiait oies), était habitée par une quantité de *rôtisseurs*, qui y faisaient cuire leurs oies. La rue Saint-Denis, qui a toujours gardé son ancien emplacement, changeait de nom par sections, suivant les métiers exercés par les boutiquiers qui occupaient ces sections ; parmi ces noms, nous citerons celui de la rue de la *Poulaillerie*, occupée par les marchands de volaille.

A cette époque, *les Halles*, ce marché pourvoyeur du ventre de Paris, marché que l'on nommait aussi les *Champeaux ;* les halles, disons-nous, avaient été entourées de fossés, puis couvertes et fermées par des portes. Elles étaient circonscrites par les rues : de la *Tonnellerie*, *Pirouette* (ou Thérouane), des *Potiers d'Etain*, toutes avec leurs piliers et les rues aux *Fers* et de la *Lingerie*, cette dernière, adossée au cimetière des *Innocents*, du côté oriental, jusqu'à la rue de la *Ferronnerie*.

Le *Pilori*, sorte de tour couverte, avec une armature tournante à la hauteur du 1er étage, s'élevait, accompagné d'une fontaine et d'une croix, au milieu du marché de la marée, dans le triangle, sur la rue Pirouette ;

la rue de la *Fromagerie* suivait la direction de la rue Montmartre, entre deux rangées d'éventaires couverts. Comme la plupart des maisons de toutes ces rues avaient des sorties de derrière et qu'il existait également des passages, la véritable limite des *Halles* était la rue des *Prouvaires*, la rue *Tramée*, la rue de la *Grande-Truanderie* et la rue *Saint-Denis* jusqu'aux *Innocents*. (Voir H. Legrand (1).

Des règlements de police assez méticuleux existaient déjà à cette époque, aux Halles, ainsi nous citerons, à titre de curiosité, cet article des statuts de 1476, des charcutiers (art. 14) : « que chacun *chaircuitier* cuise les chars qu'il cuira en vessaulx netz et bien écurez et couvre lesdits chars, quand elles seront cuictes, de nappes et linges blancs, qui n'ait à rien servy depuis qu'il aura esté blanchy... » ; et à une époque un peu plus éloignée, ce passage : « Mettre des napes blanches sur leurs étaux et d'avoir des tabliers blancs autour d'eux... »

Il était du reste enjoint aux *mestiers de bouche* de garnir aux *Halles* les places réservées à chaque spécia-

---

(1) La plupart de ces rues existent encore, mais bien peu s'en fallut que les noms n'en fussent changés à l'époque de la Révolution. En effet, à la séance de la Convention du 14 Brumaire an II, le député *Chamouleau*, de la section des *Arcis*, demandait parmi quelques modifications de noms de voies publiques, ayant pour but un cours muet de morale populaire, que la halle s'appelât : place de la *Frugalité-Républicaine*, les rues adjacentes : rues de la Sobriété, de la Tempérance, etc... La proposition fut renvoyée au Comité de l'Instruction publique.

lité, selon le plan indiqué par le commissaire des halles, à peine d'interdiction de la maîtrise ; chaque métier devait au surplus fermer boutique les jours de marché ; cette coutume prit fin vers 1622, sauf pour les charcutiers et chandelliers.

Revenons à l'ouvrier que nous avons quitté à l'embauchage ; nous devons reconnaître que les statuts ne prévoyaient pas grand chose dans l'intérêt du compagnon, sauf pour les *pâtissiers*, où les compagnons « ne pouvaient porter les oublies en ville que de 7 à 9 heures du soir ». Il n'y avait donc pas grand avenir pour l'ouvrier pauvre, même intelligent ; il n'avait que deux chances pour lui : la veuve ou la fille du maître, car s'il épousait l'une ou l'autre de celles-ci, il pouvait aspirer facilement à la maîtrise.

*
* *

L'APPRENTI. — Les règlements spécifiaient le nombre des apprentis et la durée du stage, lequel n'était généralement pas en proportion de la difficulté que présentait le métier ; cette durée était de *deux* ans pour les cuisiniers, chez les lapidaires il était de *douze* ans sans paiement et de *dix* ans en payant *cent sous*, c'est-à-dire *six cent francs*. Au reste les chiffres fixés par les statuts n'étaient qu'un *minimum* et le maître pouvait toujours imposer de plus dures conditions, auxquelles toutefois n'était jamais astreint le fils de maître ; notons cependant que chez les *Cuisiniers*, le fils de maître qui ignorait le métier, ne pouvait l'exercer qu'à la condition « qu'il tiengne à ses dépens, un des ouvriers dudit métier, qui en soit expers ». (*Livre des Métiers*, titre LXIX, art. 2.)

Au XVIe siècle apparaît la limite d'âge, certaines professions ne pouvaient admettre d'apprenti avant dix ans et pas au-dessus de seize ans. Il était d'usage constant, dans toutes les corporations, de ne pas admettre d'apprenti marié (1), et l'apprenti, qui épousait une fille de maître, pouvait aussitôt aspirer à la maîtrise.

***

DURÉE D'APPRENTISSAGE. — Au XVIIIe siècle, la durée de l'apprentissage diminua dans certaines professions, ce qui fit que le degré de capacité s'en ressentit ; du reste le patron, moyennant une certaine somme, pouvait en réduire la durée. (L'Édit de 1581, art. 13, avait *pourtant interdit ce trafic.*)

***

VENTE DE L'APPRENTI. — Le maître pouvait même, en certaines circonstances, vendre son apprenti.

---

(1) Aujourd'hui encore, le mariage de l'apprenti est un cas de rupture du contrat d'apprentissage.

Il pouvait le *vendre* en le cédant pour une somme convenue, à un confrère et pour le temps de l'apprentissage restant à courir.

1° Quand le maître était retenu au lit par une grave maladie ;

2° Quand il partait en pélerinage pour un lieu consacré ;

3° Quand il renonçait au métier ;

4° Quand il tombait dans l'indigence. (*Livre des Métiers.*)

Lorsque le maître vendait ainsi son apprenti, il ne pouvait, si sa situation changeait, en prendre un autre qu'après l'expiration du temps de celui qu'il avait vendu ; ceci sans aucun doute, afin d'éviter l'explication de cette faculté de vente, ce qui était très raisonnable.

** * **

NOMBRE D'APPRENTIS. — Le nombre des apprentis était également fixé par les statuts ; ce nombre était de un chez les *pâtissiers* (statuts de 1397, art. 4), de deux chez les mêmes pâtissiers (statuts de 1566, art. 9, pour une durée de *cinq ans*) et de deux chez les rôtisseurs (sentence du Chatelet, 5 janvier *1650*) ; chez ces derniers, l'apprenti payait un droit d'entrée de dix sous, soit quatre sous pour la communauté et six sous pour le Roi.

Les fils de maîtres, qui étaient mis en apprentissage chez un autre maître, étaient toujours reçus et comptaient en sus du nombre normal ; notons deux exceptions : chez les *boulangers* (statuts de 1746, art. 18) et chez les *charcutiers* (statuts de 1754), art. 15), les fils de maîtres étaient tenus de se soumettre à toutes les conditions de l'apprentissage, s'ils étaient nés avant que leur père n'eut obtenu la maîtrise.

CONTRAT D'APPRENTISSAGE. — Le contrat était généralement passé par devant notaire ; le maître prenait l'engagement vis-à-vis de l'apprenti et de ses parents ou tuteurs « de montrer et enseigner son dict mestier et tout ce dont il se mesle et entremesle en y celuy, sans lui en rien cacher, de le nourrir, loger, coucher et le traiter doucement et humainement comme il appartient... » de son côté, l'apprenti prêtait serment de « bien et dûment s'employer à apprendre ledit mestier durant lesdits... ans consécutifs et fidèlement servir son dict maistre, tant audict mestier qu'en toutes autres choses ». Le maître recevait en général une indemnité fixée d'avance pour prix de ses soins.

RUPTURE DU CONTRAT. — En ce qui concerne la rupture du contrat, soit par fuite, soit par engagement chez un autre maître, le maître avait le droit de faire arrêter l'apprenti, et celui-ci devait remplacer ses journées d'absence ; chez les *pâtissiers*, le maître, après l'avoir attendu trois mois, pouvait le remplacer et le faire rayer du livre des apprentis, l'apprenti perdait alors tout le temps qu'il avait servi et s'il entrait chez un nouveau maître, il devait recommencer intégralement son apprentissage (sentences : Blois, 8 juillet 1747 et 10 mai 1765).

*
* *

LA MAITRISE. — Tous les anciens statuts sont unanimes à reconnaître que, pour obtenir la maîtrise, il est nécessaire de justifier d'une instruction et d'une expérience professionnelle suffisantes. Le candidat devait donc subir un examen et souvent exécuter un chef-d'œuvre. Chez les *rôtisseurs*, l'examen suffisait. Les juges ordinaires du candidat étaient les *jurés* qui se faisaient assister de maîtres en quantité déterminée ; chez les *pâtissiers* (statuts de 1566, art. 29), s'adjoignaient aux jurés tous les maîtres qui le désiraient ; quelquefois, le prévôt ou l'un de ses délégués, assistait à l'épreuve, laquelle donnait souvent lieu à des contestations ; ainsi il se pouvait que les jurés, afin de ne pas augmenter le nombre de leurs concurrents, ou pour toute autre cause, se refusent à faire passer l'examen ou à donner le chef-d'œuvre à exécuter ; dans ce cas, le candidat n'avait plus qu'à s'adresser au *prévôt*, qui sommait les *jurés* de remplir leur office ; si ceux-ci s'obstinaient à n'en rien faire, il nommait d'office des maîtres chargés de les remplacer et, si ceux-ci faisaient également défaut, il faisait lui-même exécuter le chef-d'œuvre et déclarait, s'il le jugeait convenable, le candidat reçu à la maîtrise. Le cas se présenta à Blois (janvier 1763). Une fois reçu, le maître était dans l'obligation de prêter serment, de « garder fidèlement le métier et d'en observer les ordonnances ».

Il ne lui restait plus alors qu'à payer les droits d'entrée lesquels se trouvaient répartis, suivant les professions, entre le roi, la communauté et les jurés. Chez les *rôtisseurs*, le roi percevait trente sous pour la réception d'un maître, il n'y avait rien pour la communauté et les jurés. Les *pâtissiers* payaient trente-cinq sous ; soit quinze sous au Roi, cinq sous au prévôt et quinze sous aux jurés.

C'était la règle à peu près générale de n'admettre à la maîtrise à Paris que les apprentis de Paris. (*Pâtissiers*, statuts 1566, art. 1 ; après cinq ans d'apprentissage).

*
* *

PRIVILÈGES DE FAMILLE. — Toutes les barrières, qui empêchaient l'entrée de la maîtrise aux compagnons, s'abaissaient devant les membres de la famille du maître.

Suivant les professions, les fils et gendres du maître, ou les seconds maris des veuves, étaient dispensés du chef-d'œuvre, lequel était remplacé par un examen insignifiant ou une simple *expérience* ; il y avait également dispense totale ou partielle des droits à payer.

Chez les *boulangers*, les fils de maîtres étaient soumis à un simple examen et ne faisaient aucun chef-d'œuvre ; chez les *pâtissiers*, ils étaient soumis à une simple expérience durant huit jours dans la maison d'un juré, leur droit d'entrée n'était que de 15 sous ; chez les *cuisiniers*, ils n'avaient à fournir aucune preuve de leurs capacités. (Statuts de 1599, art. 6 et de 1663, art. 23.)

***

CONDITIONS DE MORALITÉ. — Dans la plupart des communautés, il était interdit de mener déshonnête vie, de blasphémer, de se présenter en mauvais lieux, etc. Il existait même des prescriptions d'une telle crudité d'expressions, que nous ne pouvons décemment les reproduire ici. Il y avait pour les maîtres des pénalités et, en dernier lieu, le retrait de la maîtrise.

***

ÉRECTION D'UN MÉTIER EN JURANDE. — Lors de l'érection d'un *métier* en *métier-juré*, tous ceux qui *avaient ouvroir* purent, après les formalités d'usage, devenir maîtres sans faire de chef-d'œuvre ni payer de droits.

4

MAITRES PAR DON DU ROI. — L'on pouvait encore accéder à la maîtrise par « *don du Roi* », lequel n'était pas toujours gratuit car, à chaque évènement mémorable : avènement au trône, baptêmes ou mariages de princes, entrée du roi dans une ville, le roi s'empressait de créer un certain nombre de maîtrises de chaque corps d'état, *maîtrises dont il vendait les brevets.* Ces maîtres, par don du roi, étaient mal vus par leurs confrères.

Il y eût chez les *pâtissiers*, par suite de l'intervention des maîtres, par don, dans l'élection des jurés, un procès qui donna naissance à un arrêt du parlement du 18 décembre 1567 : « Entre les maîtres-jurez et gardes du mestier de *pâtissier-oublayeur de chef-d'œuvre*, de ceste ville de Paris, appelans d'une sentence donnée, par le Prévot de Paris, ou son lieutenant, le trentième jour de janvier 1567, et : Nicolas Durand, Jehan Brunet, Nicolas Mulot, Robert Louvet, Nicolas Lardenoir, Jacques de la Ruelle et Nicolas André, *maistres pâtissiers reçus en vertu de lettres de don du Roy*, intimés d'autre part...

Les appelants ne voulaient pas admettre à l'élection les maîtres par don du Roi, ce qui leur fut partiellement accordé, mais il fut enjoint « aux *maîtres de chef-d'œuvre*, de traiter amiablement lesdits *maîtres de dons.* »

AGRÉGATION. — On nommait *agrégés* les membres d'une communauté qui, n'habitant pas la ville ou la banlieue d'une ville, ressortissaient cependant de la prévoté de cette ville, ils étaient alors agrégés aux communautés urbaines et devaient en suivre les règlements. A Blois, en 1778, la communauté des *aubergistes-cabaretiers* comptait 28 maîtres et 31 agrégés, ces derniers étaient donc les plus nombreux. Nous indiquerons, à titre de curiosité, parmi les enseignes des aubergistes de cette époque et toujours à Blois : Au Lièvre qui dort ; A l'Auberge sans pareille ; Au Mouton ; Au Caffé Anglois ; Au grand Monarque ; A l'Etoile ; Au Château-Gaillard ; A la Lamproie ; Au Soleil d'Or ; Au Grand Turc ; A la Creusville ; Aux Quatre-Vents ; Au Singe Vert ; Au Lion d'Or, etc. (Belton.)

*
* *

INSTITUTION D'UN MÉTIER-JURÉ. — Pour être constitués en jurandes, les corps de métiers étaient assujettis à certaines formalités. Il était d'abord nécessaire que les intéressés présentent une requête accompagnée de statuts établis par eux-mêmes, la prévôté leur faisait payer certains droits, et après enquête, ordonnée par le Roi et soumise à l'examen soit de divers notables, soit de l'Assemblée municipale, l'enquête était retournée au Roi avec avis motivé ; l'affaire était encore examinée en conseil et l'homologation desdits statuts était accordée, le plus souvent sans difficulté. Les statuts devaient être alors enregistrés au greffe de la juridiction ; il y eut cependant des exceptions, ainsi ceux des *Rotisseurs* de Blois furent enregistrés au Parlement.

*
* *

CONFIRMATION. — Il arrivait souvent que les corporations demandaient des *lettres de confirmation* de leurs statuts à chaque avènement au trône, nous en possédons de très nombreux exemples dans nos professions : ainsi, chez les *pâtissiers-oublayeurs*, les statuts de 1566 furent confirmés en 1576, par Henri III ; en 1594, par Henri IV ; en 1612, par Louis XIII et en 1653 par Louis XIV ; ajoutons que chaque confirmation était faite moyennant finance. Il en fût de même pour les *Rotisseurs*, pour leurs statuts de 1509, confirmés en 1527 et 1744.

*
* *

MONOPOLES. — Les métiers divers avaient souvent des raisons de conflit par suite de leur similitude, chaque corps d'état tenant avec opiniâtreté à avoir le monopole de sa spécialité ; les statuts abondaient de dispositions spéciales à cet égard, c'est ainsi que les *bouchers* furent souvent en butte aux réclamations des *charcutiers*, les *rotisseurs* à celles des pâtissiers ; les

bouchers d'autre part obligent les *hôtelliers*, *cabaretiers*
et *taverniers* à s'approvisionner aux boucheries.

*
* *

BRENASSIERS ET FOUACIERS. — Les *boulangers*
essaient de contrebalancer la concurrence des *brenas-siers* et des *fouaciers*. Les fouaciers étaient ceux qui
fabriquaient et vendaient des *fouaces* sortes de pains
faits de fleur de farine, en forme de galettes et cuits
ordinairement sous la cendre (du bas latin *focacius ;
cuit au foyer*, de *focus*, *foyer*, d'où *fovicus* et ensuite
focacius) ; les brenassiers, par contre, fabriquaient du
pain de qualité médiocre, dans lequel entraient du son et
du seigle.

De toutes ces contestations, naquit le droit de visite
des métiers les uns sur les autres (voir plus haut), droit
éminemment abusif et de nature à créer de nombreu-ses discussions. Ainsi les *bouchers* obtinrent à une cer-taine époque le droit de visite chez les *charcutiers ;* les
rôtisseurs prétendaient avoir le droit de visite chez les
hôtelliers et *cabaretiers ;* une sentence du 1er avril 1648,
maintint aux *jurés-rôtisseurs* le droit de visite des
marchands forains.

*
* *

PRÉSÉANCES. — Quelques conflits naquirent aussi
au sujet des préséances dans les diverses processions

où figuraient les confréries de métiers, ces conflits donnèrent naissance à plusieurs arrêtés réglant l'ordre dans
lequel devaient marcher les confréries.

Ainsi les *boulangers* (d'après un document du présidial
de Blois de 1666), avaient le onzième rang, les *charcutiers* le trentième, les *cuisiniers* venaient ensuite, puis
les *pâtissiers* ; quatre autres professions terminaient la
liste. Dans un autre document de 1765, les *pâtissiers*,
tiennent le onzième rang, puis viennent les *charcutiers*,
rôtisseurs et trente autres professions.

Nous trouvons, d'après une note de M. *de Coëtlogon*,
relative à l'entrée du Roy à Paris (16 juin 1549), par
la porte Saint-Laurent : après le clergé venaient les
pâtissiers (50 homes) en tête de soixante-douze métiers ;
venaient bien plus loin, dans l'ordre des préséances,
les *charcutiers* (15 homes), les *rotisseurs* (25 homes),
les *boulangers* (50 homes), etc...

CHANGEMENTS DANS LA COMPOSITION DES COM-
MUNAUTÉS. — Malgré la rigueur des règlements, il
arriva ce qui arrive à toute œuvre subissant les effets
du temps, c'est-à-dire que des modifications, souvent
profondes, se produisirent à la longue dans l'organisation des métiers, lesquels finirent par se spécialiser à
l'infini ; pour ne citer que quelques exemples, les
épiciers-apothicaires se subdivisèrent en *épiciers-dro-*

gueurs et en *pharmaciens ;* il en fut de même des *sauciers.* A la suite des croisades, le goût des épices se
répandit en France ; les viandes ne paraissaient guère
sur table, qu'accompagnées de sauces quelconques,
lesquelles se criaient par les rues, telles la sauce
cameline, la *jance, aux clous de girofle, au verjus, à la
bonne graine de paradis, à la madame-rapée,* etc... Ces
crieurs prirent de par leur spécialité le nom de *saul-
ciers,* ils ne tardèrent pas à y joindre celui de *vinai-
griers-moutardiers ;* en 1394, ils rédigèrent des statuts
et, plus tard, Louis XIII les érigea en corps de métier
avec la qualification de *buffetiers-sauciers, moutardiers ;*
le vinaigre s'appelant au moyen-âge *vin de buffet.* Il en
fût de même des *cuisiniers-oyers,* qui se subdivisèrent
en *traiteurs* et *rotisseurs.*

CHAPITRE III

Le Pouvoir Royal et les Communautés

Sommaire. — Les droits à payer. — Impôt de capitation. — Maîtres par lettres du Roi. — Hoteliers. — Cabaretiers. — Réglementations. — Lettres de maîtrise — Maîtres sans qualité. — Rachat de ces lettres. — Divers Edits. — Création d'offices. — Lieux privilégiés. — Maîtres privilégiés. — Le Patronat. — Le Compagnonnage. — Suppression des Communautés.

Quelles étaient les relations entre le pouvoir royal et les Communautés ?

DROITS A PAYER. — La protection, qu'accordait le Roi aux Communautés, n'était pas gratuite ; nous avons déjà remarqué que les maîtres payaient des droits d'entrée dans la maîtrise et que, sur ces droits, une part était destinée au Roi ; il en était de même du produit des amendes, ce qui est plus curieux, c'est que chez les *Rotisseurs* de Blois, la *totalité* des amendes était réservée au Roi, sauf pour lui, d'en attribuer, selon *son bon plaisir*, une part quelconque aux jurés. A ces droits venaient s'en ajouter d'autres, notamment les droits d'*enregistrement*, de *chancellerie*, les *vacations* des magistrats assistant aux assemblées et les droits de *confirmation* à chaque avènement à la couronne.

Les *Rotisseurs* payaient : au Prévot deux écus, au Procureur un écu, pour leur privilège et pour une élection de juré : trois livres de vacation, plus trois sols pour livre (Bourgeois).

****

IMPOT DE CAPITATION. — Cet impôt de capitation était une cote mobilière et personnelle, applicable à toutes les classes sociales, même à la noblesse, elle était destinée principalement au logement des gens de guerre ; plusieurs arrêts en font mention, nous citerons ceux du 18 janvier 1695, du 12 mars 1701, du 13 mai 1721 et principalement celui du 6 décembre 1735, qui est le plus complet.

****

MAITRES PAR LETTRES DU ROI — Il existait des maîtrises créées par lettres du Roi, maîtrises que, la plupart du temps, la communauté rachetait, mais à des conditions exorbitantes, ce qui ne faisait qu'encourager le roi à en créer d'autres pour se procurer des subsides ; l'on désigna par la suite ces maîtres ainsi créés : « Maîtres sans qualité ». Ce fût Louis XII qui inaugura, en 1514, en faveur de son gendre le duc de Valois, la série des créations de maîtrises (12 septembre) : *Lettres patentes donnant pouvoir au duc de Valois de créér un maître dans chaque métier.* Cette institution, cela va sans dire, troubla l'ordre existant et il n'y avait là qu'une source de bénéfices accordés par le pouvoir royal aux personnages qui lui convenaient et non pas, remarquons-le bien, une mesure intéressant l'ouvrier et lui donnant la faculté de devenir maître, la suite le prouvera surabondamment.

Le duc de Valois, devenu roi à son tour sous le nom de François Ier, interdit les Assemblées de gens de métiers (Août 1539) : « Que suivant nos anciennes ordonnances et arrest de nos cours souveraines seront abattues, interdites et défendues, toutes confrairies de gens de métiers et artisans, par tout nostre royaume ». Puis viennent Charles IX et Henri III qui, aux États d'Orléans et de Blois, confisquent les biens des confréries (1560 et 1576) ; le branle-bas étant donné, Henri III (21 novembre 1577), lance un édit homologuant un règlement général de police, pour les métiers de la ville de Paris et du royaume ; nous y voyons à l'art. 3.

* *
*

HOTELLIERS, CABARETIERS. — « (Article III), deffense aux *hotelliers* et *cabaretiers* de recevoir austres gens que ceux étrangers au pays ; à ceux-ci, ils peuvent vendre du vin à porte-pot. L'usage du vin est défendu aux valets et mercenaires des campagnes. »

A l'article VIII de cet édit (volaille et gibier), nous voyons : 1° Prohibition du luxe effréné de la table ; 2° Toutes sortes de volailles et gibiers apportés au marché seront visités. Le prix en sera fixé ; 4° (Marché des volailles) : Heures des bourgeois, heures des rôtisseurs; 5° *Poulailliers* et *Rotisseurs*, réglés dans leurs professions par provision ; 6° Défense d'aller au devant des volailles et gibiers (même sous le règne de Saint-Louis, lorsque le roi habitait Paris ou Vincennes, il était interdit aux marchands de l'alimentation d'aller à la rencontre des arrivages à plus de deux lieues, et ce, parce que le roi, ainsi du reste que quelques seigneurs, avaient le droit de *prise* sur les vivres apportés à Paris ; il prenait sur le marché, avant l'arrivée des acheteurs, tout ce qui était à sa convenance, et aux mêmes prix qu'eux). (Lespinasse.)

L'article IX concerne encore les hôteliers et cabaretiers ; nous y remarquons : 1° Taux maximum de la dépense par jour dans les hôtelleries; 2° Taux des vivres par pièce ; 3° Jusqu'à 7°, détail des choses dont doivent être pourvues les hôtelleries, en vin, nourriture, linge, etc..., seront tenus les passants de s'en contenter ; 8° Les passants pourront se fournir ailleurs que dans l'hôtellerie et *l'hotelier sera tenu de cuire les provisions*, moyennant juste salaire ; 9° à 11° Le taux des vivres sera attaché à l'entrée de leur hôtellerie et une personne par quartier visitera celle-ci pour s'assurer que les prescriptions sont observées ; 12° Les hôteliers auront poids et mesures étalonnées ; 13° L'entrée des jongleurs et farceurs est interdite dans les hôtelleries.

****

RÉGLEMENTATIONS DIVERSES. — Voyons l'article XVI, l'un des plus importants, sur les gardes et jurés des métiers en général : « 1° Les gardes ou jurés seront renouvelés au plus long de trois ans en trois ans ; 2° Ils ne devront offrir aucuns deniers, ni banquets pour y parvenir ; 3° Ils ne pourront exiger autres droits que ceux fixés par les ordonnances ; 6° Les anciennes confréries seront conservées, défense de faire des nouvelles... ».

Enfin, depuis Henri III jusqu'à Louis XV, la tutelle royale pèse sur les communautés, avec un acharnement impitoyable. Énumérons :

Édit de 1581, portant règlement sur les maîtrises, examens, chefs-d'œuvre et apprentissage. Dans cet édit nous voyons à l'article 11 une marque de sympathie du roi envers les ouvriers qui, après avoir été apprentis et compagnons, ne possédaient pas le moyen de devenir maître ; il créait pour ceux qui étaient méritants, à son choix, trois maîtrises par métier, lesquels compagnons étaient dispensés chefs-d'œuvre.

Par un autre édit du 5 juillet 1582, les métiers étaient divisés en cinq classes, dans l'ordre des plus lucratifs, pour le paiement des taxes diverses inhérentes à chaque corporation.

Les *charcutiers* et les *oublayeurs* (métiers médiocres), appartenaient à la troisième classe.

Les *boulangers*, *cuisiniers* et *hotelliers* (métiers médiocres et petits), faisaient partie de la quatrième classe. Vint ensuite un édit de Henri IV (Fontainebleau, 16 septembre 1606), sur l'établissement *des métiers suivant la cour* et en augmentant le nombre.

Des lettres patentes du même roi (22 décembre 1608), accordent des lettres de maîtrises indépendantes, en faveur des ouvriers installés dans la *galerie du Louvre*, puis en 1625, un arrêt du Conseil d'État, édicte un règlement sur les *marchands-artisans, suivant la Cour*.

Nous arrivons, après plusieurs lettres patentes et édits divers, à l'édit de mars 1673, prescrivant l'incorporation dans les communautés, des artisans qui n'en faisaient pas partie, et le paiement des sommes imposées à chacune d'elles.

**

LES LETTRES DE MAITRISE. — A force de créer des maîtrises à propos de tout et même à propos de rien, il arriva qu'il n'y eût plus personne pour les prendre, en 1608, Henri IV ayant été obligé de reconnaître « que par la malice d'aucuns de ses subjects, connivence de ses officiers ou des maîtres et jurez des métiers », il restait à *vendre* une foule de vieilles lettres de maîtrises, dont certaines remontaient à 1559 ; il abolit toutes celles qui étaient antérieures à son avènement. Mais ces créations reprirent de plus belle, si bien, qu'aux États-Généraux de 1614, les cahiers du Tiers demandaient leur suppression.

Louis XV en créa de nombreuses, interdisant même, pour favoriser leur placement, *aucune admission* au chef-d'œuvre, avant *que toutes celles qu'il créait soient pourvues de titulaires* (1729) ; ce qui était un excellent moyen de placer sa marchandise. En décembre de la même année, il offrit même la dispense du service de la milice aux acheteurs.

RACHAT DES LETTRES DE MAITRISES. — Sous Louis XIV déjà, certaines communautés avaient pris le parti de s'entendre avec le pouvoir et d'acheter en bloc, au rabais, afin de les détruire, les lettres de maîtrise créées à leur préjudice ; puis, pour éviter de nouvelles surprises, elles offrirent de verser une forte somme, en échange de l'engagement solennel qu'elles seraient *désormais* et *pour toujours* dispensées de recevoir des maîtres sans qualité. Le roi accepta naturellement cette combinaison, reconnaissant « qu'il est bien raisonnable d'empescher que dorénavant nuls ne se puissent faire admettre dudit art, que ceux qui auront été réduits sous la discipline d'un apprentissage, d'un chef-d'œuvre conditionné, etc... » (Bibliothèque nationale, manuscrit français, n° 21,795, f° 192).

Pour obtenir cette promesse, certaines corporations payèrent jusqu'à 18,000 livres ; mais les successeurs de Louis XIV n'eurent garde de tenir l'engagement solennel pris par celui-ci et, plus tard, Louis XV créa de nouvelles lettres de maîtrises. Le nombre des maîtres dans certaines corporations fut limité et le roi se chargea de vendre toutes les maîtrises qui devinrent des offices héréditaires. Il ne fût possible d'être *patissier*, par exemple, qu'à la condition d'acheter l'une des charges existantes, comme cela se pratique aujourd'hui pour les notaires.

*
* *

SUITE D'ÉDITS. — En 1691 parut un édit qui enlevait aux communautés le droit de nommer leurs jurés ; le roi, dorénavant, mit la charge en vente, au *plus offrant*. On devine l'émoi des corporations, aussi celles-ci demandèrent-elles incontinent le droit de garder leurs jurés élus, offrant en échange de payer la somme que devait produire la création ordonnée. Le roi, qui sans doute les attendait dans cette impasse, accepta avec enthousiasme. Les corporations, déjà dans une situation obérée, hypothéquèrent leurs biens, empruntèrent à un taux exorbitant, n'épargnant rien pour rester maîtresses chez elles. Les *Patissiers* payèrent 20,000 livres ; les plus imposés de tous, les merciers payèrent 300,000 livres !!!

L'opération ayant réussi, trois ans plus tard, le roi voulut créer dans chaque corps de métier des offices d'*auditeurs* et *examinateurs* des comptes des commerçants (1694). Les communautés offrirent encore de racheter ces nouveaux offices ; ce qui fut tout naturellement accepté. *Les Patissiers* payèrent de ce chef, 16,000 livres. Le roi promit par contre de rembourser aux corporations (lesquelles voulaient une garantie) chaque année 50,000 livres, représentant les appointements des officiers dont elles rachetaient la charge. Il n'en est pas moins vrai que Louis XIV venait de trouver plus de 650,000 livres et que la promesse qu'il fit ne fut pas tenue.

* * * *

CRÉATION DE DIVERS OFFICES. — En 1702, création nouvelle de *trésorier-payeur* et *receveur* dans chaque corporation ; un très petit nombre de corporations seulement put racheter cet office ; puis, vinrent successivement en 1704, les *contrôleurs-visiteurs des poids et mesures* et les *greffiers pour l'enregistrement des brevets d'apprentissage ;* en 1706, les *contrôleurs des registres,* en 1709, les *gardes des archives ;* en 1710, les *trésoriers-payeurs.*

La mesure était comble et l'on ne put aller au-delà, personne ne voulant plus acheter aucune des charges que l'on créait et les corporations désorganisées ne pouvant non plus les racheter elles-mêmes.

En 1740 cependant, Louis XV voulut créer des charges d'*inspecteurs-contrôleurs*, et les corporations furent *invitées* et les racheter ; pour pouvoir le faire les *pâtissiers* empruntèrent 48,000 livres.

Quelle fut la conséquence de ce système ? Ce fut que les communautés s'éloignèrent de plus en plus de leur but primitif : l'*assistance mutuelle ;* conséquence aussi funeste pour les communautés que pour le public qu'elles furent dans l'obligation d'exploiter, afin de pouvoir subvenir aux exigences royales.

Les principes de confraternité avaient fait place à l'amour du gain.

***

LES LIEUX PRIVILÉGIÉS. — Certains endroits de la ville de Paris jouissaient d'un privilège spécial, il était permis aux artisans de s'y livrer à leur métier ou à leur commerce en toute liberté et en dehors de la tutelle des corporations, là il n'était pas nécessaire pour être maître, d'avoir subi d'apprentissage ni de chef-d'œuvre. Cette coutume remontait très loin, au temps sans doute où les seigneurs ou abbés, propriétaires du fief, organisaient à leur convenance la règlementation du commerce sur leur territoire.

Les lieux privilégiés principaux étaient :

Le cloître et le parvis Notre-Dame ;
La cour Saint-Benoît ;
La cour du Temple ;
L'enclos de Saint-Germain-des-Prés ;
L'enclos des Quinze-Vingt;
La rue de Lourcine ;
Quelques maisons de la rue des Bourguignons, des Charbonniers et des Lyonnais ;
Le faubourg Saint-Antoine ;
Les Galeries du Louvre ;
Les palais et hôtels des Princes du Sang.

Les lieux privilégiés ne jouirent jamais d'une grande renommée, au point de vue du travail qui y était exécuté, de plus, les communautés qui ne pouvaient les souffrir, déclaraient « deschuz de leur maîtrise et honneurs », les maîtres qui s'y établissaient ; plus tard, sous leur pression, il fût même interdit de mettre en vente, hors de leur territoire, les objets qui y étaient fabriqués.

Certains de ces endroits surent garder leurs privilèges jusqu'à la Révolution. (Tanon. *Histoire des anciennes églises et communautés monastiques de Paris*).

MAITRES PRIVILÉGIÉS. — Les ouvriers de certaines corporations pouvaient obtenir gratuitement la maîtrise, en épousant une des cent orphelines recueillies à l'*Hôpital de la Miséricorde*, situé rue Censier (l'on vient d'abattre ces temps derniers (1898) les derniers vestiges de cet asile), l'hôpital donnait une dot à sa pensionnaire, après enquête sur la moralité de l'ouvrier prétendant.

Il y avait aussi une autre classe de *maîtres privilégiés ;* celle des *maîtres suivant la cour*, dont l'origine paraît remonter à Charles VIII, c'étaient des ouvriers qui suivaient la cour dans tous ses déplacements et subvenaient aux besoins de toutes sortes, il y avait des cuisiniers, panetiers, selliers, etc. Sous Louis XII, ils étaient au nombre de 93 ; leur nombre augmenté progressivement, atteignait en 1659 le chiffre de 377 maîtres ; sur cette quantité, il y avait : 26 *rotisseurs,* 8 *pâtissiers,* 14 *cuisiniers,* 12 *charcutiers* et 2 *pains- d'épiciers.* A cette époque, une charge de cabaretier, suivant la cour, valait 12,000 livres.

LE PATRONAT. — Revenons un peu en arrière ; à une certaine époque, le développement du commerce fit que, dans quelques professions surtout (sauf peut-être dans nos métiers de bouche), le maître peu à peu s'éloigna de l'atelier pour s'occuper plus spécialement de la vente et du dehors, une certaine distance s'établit de la sorte entre le maître et l'ouvrier auparavant camarades d'atelier. Cette distance ne put que s'augmenter et le maître fit tout ce qui fût en son pouvoir pour empêcher l'accès de la maîtrise aux compagnons qui n'étaient pas fils de maîtres, de façon à créer une classe héréditaire de citoyens privilégiés ; ce fut la naissance du patronat. Nous venons de voir que le pouvoir royal exploita cette prétention, en créant des lettres de maîtrises, que les corporations, désireuses de garder leurs privilèges, s'empressaient de racheter.

***

LE COMPAGNONNAGE. — Les ouvriers, de leur côté, voyant qu'ils n'avaient aucun espoir d'arriver au patronat, condamnés par les règlements à rester dans une situation subalterne, songèrent à s'organiser sur le modèle des maîtres ; de là naquit le compagnonnage ; (l'Édit de 1673 ordonnait que tous les ouvriers devaient faire partie d'une communauté et en payer les droits). Mais l'ouvrier étant souvent obligé de changer de résidence pour trouver à s'employer, ces associations de compagnons furent forcément générales et non locales ; c'est-à-dire qu'elles s'étendirent à tout le territoire ; mais, mal vues des maîtres, et sous leur pression, interdites par le pouvoir, elles durent se cacher et opérer dans l'ombre, affectant des allures et des rites mystérieux, qui se sont conservés, pour quelques-unes, jusqu'à nos jours. (Une ordonnance de police, datée de Blois, 10 décembre 1768, interdisait d'une façon absolue aux compagnons de se qualifier entre eux *compagnons du Devoir* ou *compagnons Gaveau* et d'élire entre eux ni chefs ni capitaines, ni de s'assembler ou attrouper plus de trois ensemble, etc..., d'avoir aucuns règlements, de tenir aucune délibération..., de porter aucuns bâtons, armes, marques, couleurs ou rubans distinctifs, etc., le tout sous menace de peines assez sévères.) (Archives du Présidial de Blois), d'après M. Bourgeois.

CONCLUSION

SUPPRESSION DES COMMUNAUTÉS. — Toutes les charges que nous avons énumérées et que durent subir les communautés, les amenèrent, à un certain moment, à recourir à l'emprunt ; mais étant de plus en plus exploitées et, par suite s'endettant de plus en plus, elles arrivèrent à la ruine complète ; quant au public, malgré qu'on voulut bien lui démontrer que toutes les mesures prises l'étaient dans son intérêt, il ne voulut jamais, et avec raison, le comprendre et ne cessa de réclamer à chaque occasion la liberté du commerce. Il est vrai qu'à différentes reprises, plusieurs communautés demandèrent elles-mêmes (et quelques-unes l'obtinrent) leur suppression.

De tout ce que nous venons d'exposer, l'on doit forcément conclure que l'intervention royale ne favorisa guère le commerce et les relations de nos aînés, deux mobiles dictèrent du reste la conduite du roi à l'égard des métiers ; en premier lieu, il voulut jouer son rôle de justicier et de protecteur de ses sujets, ce qui lui fit prendre des mesures contre la fraude, la concussion et même quelques-unes en faveur des apprentis et compagnons ; en second lieu, il voulut tirer des associations un profit pécuniaire, c'est ce qui amena, ainsi que nous l'avons déjà dit, la ruine des communautés, bien avant leur suppression. (Voir chapitre Ier, *La Jurande.*)

Ayant été créées, ainsi que les communes, par l'esprit de solidarité des faibles, qui n'avaient que l'avantage du nombre à imposer à la puissance de la féodalité, les corporations ouvrières, qui avaient abrité l'indépendance et défendu les droits des travailleurs, sombrèrent surtout parce qu'elles avaient dévié de leur but qui était : l'union des maîtres, des compagnons et des apprentis dans une même pensée de concorde, de mutualité et de progrès professionnel.

Ce fut Turgot qui, en 1776 (février), malgré les difficultés qu'il entrevoyait, fit signer par le roi un édit proclamant la *liberté du travail* et *supprimant les corporations de métiers ;* mais le Parlement s'insurgea et refusa d'enregistrer l'édit ; Louis XVI le convoqua en un lit de Justice, à Versailles, le 12 mars et le premier Président prononça à cette occasion une harangue extravagante, traitant d'*anarchie la suppression des corporations ;* allant jusqu'à dire que « l'indépendance est un vice de la constitution politique, parce que l'homme est toujours tenté d'abuser de la liberté », mais l'enregistrement fut imposé d'autorité.

De sourdes conspirations, menées par *Monsieur*, plus tard Louis XVIII, et par le comte d'Artois, qui devait devenir Charles X, finirent par venir à bout du roi, et Turgot fut mis en disgrâce l'année même (12 mai). Clugny lui succéda, l'édit de Turgot fut rapporté, mais les corporations ne furent pas cependant purement et simplement rétablies; un certain nombre, les moins importantes, demeurèrent libres, les femmes ne furent plus exclues, et les artisans qui s'étaient établis depuis la suppression eurent la faculté de continuer l'exercice de leur profession. Le nombre des corporations fut diminué par suite de la réunion dans une seule des métiers ayant une certaine connexité; il n'y en eût plus que cinquante. Les *patissiers* qui formaient la cinquantième de ces corporations furent réunis aux *traiteurs* et rôtisseurs, et le prix d'acquisition de la maîtrise fut fixé à 600 livres.

Mais ce nouveau règlement ne fonctionna pas longtemps, car l'Assemblée constituante (2-17 mars 1791) ordonna par une loi (art. 7) qu' « à compter du 1er avril prochain, il sera libre à toute personne de faire tel négoce ou d'exercer telle profession, art ou métier qu'elle trouvera bon ; mais elle sera tenue de se pourvoir auparavant d'une patente, d'en acquitter le prix suivant les taux ci-après déterminés et de se conformer aux règlements de police qui sont ou pourront être faits. »

Une autre loi du 14 juin 1791 compléta les résolu-

tions de l'Assemblée constituante. Nous y voyons :
Article 2. « Les citoyens de même état et profession, entrepreneurs, ceux qui ont boutique ouverte, les ouvriers et compagnons d'un art quelconque, ne pourront, lorsqu'ils se trouveront ensemble, se nommer de président, ni secrétaire ou syndic, tenir des registres, prendre des arrêtés ou délibérations, former des règlements sur leurs *prétendus intérêts communs.* »

Telle est, aussi résumée et néanmoins aussi complète que possible, l'histoire de la généralité des corporations de métiers jusqu'à la Révolution. Nous allons maintenant passer à la seconde partie de notre travail, à l'étude des statuts concernant spécialement l'art culinaire proprement dit.

Nota. — Les corporations de métiers existent encore en Allemagne, où elles sont dans certains cas obligatoires, nous donnerons une indication à ce sujet dans notre troisième partie.

FIN DE LA PREMIÈRE PARTIE

SECONDE PARTIE

Art Culinaire proprement dit

AVERTISSEMENT

Nous devons avertir le lecteur que ce sont les seuls statuts des métiers inscrits à la prévôté de Paris que nous étudierons. Ces statuts, du reste, furent appliqués par la plupart des prévôtés provinciales sur la demande des communautés intéressées ; notons cependant qu'en divers pays des coutumes et des usages spéciaux avaient force de loi et n'étaient pas d'accord sur certains points de détail avec les statuts des communautés correspondantes de la capitale ; des arrêtés de police locaux avaient aussi modifié quelquefois les statuts originaux, de même que certains jugements de divers présidiaux ; si nous ne craignions d'indisposer le lecteur, nous pourrions notamment citer des arrêtés du *présidial de Blois* qui modifient quelquefois les usages de Paris. Ceci bien établi, et pour mémoire, revenons à nos statuts.

CUISINIERS

ARMOIRIES. — Chaque communauté possédait une bannière et des armoiries ; au sujet de ces dernières, nous remarquons que la rédaction de l'Armorial de 1696 fut une opération purement fiscale, et les communautés qui négligèrent de faire enregistrer des armoiries, que peut-être elles ne possédaient pas, s'en virent imposer par d'Hozier l'héraldiste officiel, celles qu'il imagina ne sont du reste que des combinaisons variées des mêmes éléments héraldiques. — (D'après Bourgeois).

***

LES CUISINIERS-OYERS. — La corporation des cuisiniers, qui existait déjà au xiiie siècle, portait à cette époque le nom de : *métier des cuisiniers-oyers.* — Les statuts de ce corps de métier sont inscrits au *Livre des*

Métiers d'Etienne Boileau, avec ceux des *Taverniers* et des *Talmeliers* (boulangers). Ce sont les seuls qui existent dans ce livre ayant trait à nos professions de bouche ; ceux des *pâtissiers*, *rôtisseurs* et *hôteliers* n'y figurent point.

Leur nom de *cuisiniers* leur vint du mot *cuisine* qui lui-même dérive du latin *coquina*, de *coquere* : cuire ; ils avaient le monopole de la cuisson des viandes bouillies ou rôties, leur clientèle étant surtout composée de menu peuple, ils rôtissaient principalement des oies qui étaient à cette époque d'une grande consommation parmi les classes pauvres ; de là leur fut adjoint leur nom d'oyers. Ils accomodaient également les légumes et faisaient des boudins et des saucisses ; leurs principaux étaux étaient situés dans la rue aux Oues, laquelle empruntait son nom à leur métier d'oyers ; par corruption, cette rue devint plus tard la rue aux Ours, dont une bien faible partie subsiste encore.

Guillaume Thiboust, prévôt de Paris, rendit vers 1300 une ordonnance attribuant la surveillance de leur métier aux 4 *jurés-cuisiniers* en commun avec le *maître des bouchers ;* par la suite, le métier se scinda en *charcutiers* et *rôtisseurs ;* mais, la transformation mit près de deux siècles à se faire, les premiers statuts des charcutiers datant de 1476 ; quant aux rôtisseurs, ils s'approprièrent, en 1509, les statuts des cuisiniers-oyers légèrement modifiés. L'art culinaire nous fait remarquer,

M. de Lespinasse, dépendant comme spécialité de plusieurs corporations de métiers donna lieu à de nombreuses discussions. Un arrêt du parlement du 4 septembre 1752 édicta des règles pour la nomination des jurés, lesquels devaient être choisis la moitié parmi les traiteurs simples, l'autre moitié parmi les pâtissiers-traiteurs, rôtisseurs-traiteurs, ou marchands de vins traiteurs. Tous les membres de ces corporations dits *gens de bouche* exerçaient la profession de *restaurateur*, lequel nom date seulement de notre époque.

*
* *

CUISINIERS-QUEUX. — Sous Henri III les métiers de boulanger, rôtisseur et pâtissier étaient souvent exercés concurremment : mais à partir de cette époque (1581), des chefs-d'œuvres distincts furent imposés, comme nous l'avons exposé dans notre première partie (voir Edit des Suisses — Autres Edits), l'on ne parle plus toutefois des *cuisiniers* ; ce n'est qu'en 1599 que les *queux-cuisiniers* sont érigés en métier-juré et reçoivent des statuts.

L'ancien métier de *cuisinier-oyer* n'a plus alors rien de commun avec celui de *cuisinier-queux*, lequel avait l'apanage de la cuisine de luxe des grandes maisons ; ce nom de queux, d'après certains auteurs, viendrait de *coquus* (cuisinier) ; notre avis est qu'il vient plutôt de ce que, à cette époque, pour cuire certains mets, les cuisiniers se servaient de poëles munies d'une longue queue, afin d'éviter de se brûler au brasier de l'immense cheminée où était pendue la marmite de la crémaillère ; le cuisinier passant une partie de son temps la queue de ces poëles en main pour remplir son office, il n'y a rien d'extraordinaire à ce qu'on l'ait dénommé *maître-queux*. Ce qui nous confirme dans cette opinion, c'est la remarque suivante :

***

HASTEURS. — On désignait sous le nom de *hasteurs* ou *hatiers*, de *hasta* (broche), les officiers de cuisine préposés spécialement aux rôtis et à la prépa ation des viandes.

***

USTENSILES DE CUISINE. — Voici à titre de curiosité, d'après Franklin, *La Vie privée d'autrefois*, un passage du livre d'Eustache Deschamps, intitulé *Miroer du Mariaige*, où sont décrits les différents objets nécessaires dans une cuisine au xive siècle :

« Fault poz, paelles (poëlles), chauderons,
« Cramaux, rostiers, sausserons,
« Broches de fer, hastes de fûst (brochettes de bois)
« Croches hanes, car ce ne fust

« L'en s'ardit la main à sèichier

« La char du pot sans l'acrochier

L'on se brûle la main a retirer à sec

La chair du pot, sans le crochet (accrochier)

« L'ardouere fault et cheminons,

« Pétail (pilon), mortier, aulx et oignons,

« Estamine, paele trouée (passoire),

« Pour plus tost faire la porée

« Cuilliers grandes, cuillières petites,

« . . . .

« Granz cousteaulx pour les queus (*cuisiniers*).

Dans le *Livre de Raison*, de l'abbaye de St-Martin de Pontoise (Archives de Seine-et-Oise, registre in-folio, fonds de St-Martin de Pontoise), nous trouvons énumérés à *l'Inventaire de 1338*, parmi les ustensiles de cuisine : *pots, puelles, grilz, boucques, treppiès*, etc. A cette époque, les moines substituèrent la *poterie d'étain* à celle de *terre*.

*
* *

LA CUISINE AU XIVe SIÈCLE. — Parmi les mets que nous pouvons énumérer et relatifs à cette époque, nous citerons : la *Fromentée* (recette qui figure dans le *Ménagier*, t. II, page 210 et dans *Platina : De honesta voluptate*; trad. Christol, folio 71) ; *la carbonade*, viande grillée sur le charbon et accompagnée ou non de sauce ; les *rippillons*, restes de poissons, accommodés et désignés aussi sous le nom de *rippes*, lesquelles selon nous étaient plutôt des filets de poissons ; la *saumate*, espèce de ragoût composé de morceaux de porc (il se trouve décrit par Amiot dans sa traduction de Plutarque· : *De manger chair*, liv. II, édition de 1607, t. I, page 908) ; *Les patés d'assiette*, dont la recette très compliquée se trouve dans le *Cuisinier François* de Lavarenne, édition de 1653, page 135 ; *Les Beugniets*, l'on en faisait notamment à la *moëlle de buef* et aux œufs de brochet (Ménagier) ; *Les béatilles*, garniture composée de crêtes, de rognons de coq et ailes de pigeonneaux ; *Les Menus droits*, qui en terme de vénerie désignent la langue, le mufle et les oreilles du cerf (Delamarre, t. II, page 1365), l'on finit par appliquer ce nom à certaines préparations, notamment : la *téte de veau en menus droits*, cela par analogie simplement.

Parmi les poissons en usage, nous notons à titre de curiosité *les chatouilles*, petites lamproies grosses comme une plume, qui se trouvent dans la vase au bord des rivières et appelées aussi : *lamproyons*, *civelles*, etc. (Dictionnaire de Dorbigny, *ammocœte*) ; ce dernier nom de *civelles* est resté à ces poissons, que l'on trouve encore à l'époque du frai, à l'embouchure de la Loire (Notre ami Lacam m'en expédie tous les ans). Les *losches*, variété de goujons les plus estimés, venaient de Bar-sur-Seine, et Delamarre cite ce dicton très vulgaire en Champagne : « Les dames vendent jusqu'à leur cotte pour manger du foye de lotte. » Il y avait encore, comme aujourd'hui du reste, *le maquereau*, ainsi nommé, d'après Lemery (Traité des aliments), parce qu'aussitôt le printemps, il suit les petites aloses communément appelées vierges et les conduit à leur mâle.

D'après Delamarre, ce nom viendrait plutôt et nous sommes de cet avis de *macularelli* (petites marques ou taches), parce que ce poisson est marqué et bigarré sur le dos de plusieurs traits tirant sur le noir ; c'est d'après lui également que l'on.appelle du même nom ces taches qui viennent aux jambes de ceux qui se les chauffent de trop près (Delamarre, t. III, p. 16). L'on fabriquait aussi au xɪvᵉ siècle des *pastés de foie de morue* dits *patés Norrois* (Ménagier de Paris, t. II, page 223).

Pour terminer sur le poisson, citons ces vers de Corrozot : *Les Blasons domestiques* (1539), page 12, d'après Franklin (xvɪᵉ sièle).

> « Là peut-on veoir l'anguille et la lamproie
> « De quoy la bouche et le ventre font proye
> « Le saulmon frais, la carpe camusette,
> « Le gros brochet, la sole fringalette,
> « Le marsouin gras, l'alose savoureuse,
> « Puis l'esturgeon et la truite amoureuse.
> « Les ungs bouillis, et les autres rostis
> « Pour aiguiser les humains appétis.

Dans le *Livre de Raison*, nous constatons l'absence presque complète de la chèvre et du porc, dans l'alimentation des moines de l'abbaye de Saint-Martin de Pontoise. Au siècle suivant, cet aliment fait son apparition : 6 juin 1476, « payé aux Chartreux qui ont chatré les cochons et un veau III sols ; juillet 1477, « acheté une chèvre et un chevreau IIII sols, 6 deniers » ; 30 mai, 1475 : « vendu une vielle truie par conseil de Chardin de Vallendre, notre cuisinier, disant qu'elle était ladresse et ne valait rien céans, pour ce 8 sols... » Il se faisait également à cette époque une grande consommation de : burre, œfs, fromaiges, pois, porrès, harencs, pastez, congnins (garennes), vin aigre, eschaudez, craquelins, estudeaux (jeunes chapons), allebrans (canards sauvages), chauduns (abats divers), etc.

(Voir, sur la cuisine ancienne, l'article que nous avons fait paraître dans les numéros du journal *La Cuisine Française* des 26 avril et 26 mai 1893, intitulé : *Remarques sur l'Art culinaire*. Nous indiquons spécialement les mots : *Galimafrée, Chipolata, Kneffes).*

*
* *

LE QUEUX DU ROI. — Le maître-queux du Roi avait, comme *grand-maître du métier*, la surveillance du commerce des poissons; il veillait à ce que les filets des poissonniers aient leurs mailles d'une certaine largeur, afin de ne pas prendre le poisson trop petit ; il avait le *droit de prise*, au nom du Roi, sur cette marchandise qu'il payait suivant l'estimation faite par les

jurés nommés par lui (Voir 1re partie : *Juridictions spéciales*).

*_**

QUEUX-CUISINIERS-PORTE-CHAPPES. — La communauté prit plus tard le nom de *Queux-cuisiniers-
porte-chappes*, à cause d'une chappe en fer-blanc, dont
ils couvraient les mets qu'ils portaient au dehors pour
les tenir chauds. Les statuts de 1599 leur donnaient le
monopole de l'entreprise des noces et festins ; les
métiers connexes ne pouvaient travailler qu'à leur spécialité. Citons un exemple :

Sur la plainte des *cuisiniers*, que les *rôtisseurs* faisaient des banquets en prenant à leur solde un *maître-
cuisinier*, un arrêt du parlement, du 29 juillet 1628,
ordonna que dans l'intérêt du public les dicts *rôtisseurs*
« pourront vendre *en leur boutique*, jusques au nombre
de trois plats de viande bouillie et trois plats de viande
fricassée, sans qu'il leur soit permis de *transporter ès-
salles publiques ny maisons particulières*, esquelles se
feront assemblées pour nopces et festins, sur peine de
confiscation et d'amende arbitraire et sans dépens ».

Dans l'approbation des statuts de 1663, le parlement
décida que les maîtres devaient tenir un registre fidèle
des noces qu'ils feront, pour le présenter aux jurés
lorsqu'ils iront en visite.

ÉCUYERS DE CUISINE. — Les écuyers de cuisine, *au service du Roi ou des princes*, pouvaient être reçus maîtres, moyennant la seule formalité pécuniaire de la *finance de maîtrise ;* ceux au service des présidents et conseillers au parlement, après trois années de présence et après simple expérience.

La cotisation annuelle de la confrérie était fixée à 20 sols, un cierge de 2 livres, un pain bénit ; l'assistance aux offices et à la fête du 8 septembre était obligatoire, la confrérie étant placée sous l'invocation de la *Nativité de la Vierge*, dans l'église des Saints-Innocents.

***

ÉGLISE DES SAINTS-INNOCENTS. — Cette église des Saint-Innocents, qui dépendait de Sainte-Opportune, laquelle s'élevait sur une petite place de la rue Courtalon (une partie de cette rue existe encore), existait déjà au xiie siècle, elle fut restaurée sous Philippe-Auguste, lorsqu'il transforma *les Champeaux* (les Halles).

***

STATUTS DES CUISINIERS OYERS (1280 environ). — En tête du manuscrit de la Sorbonne (d'après Lespinasse), se trouve une liste des jurés-cuisiniers, ci-dessous désignés.

« Ce sont les noms des personnes établies par l'ordonnance des cuisiniers de Paris : Robert l'Ohier (1), de Saint-Merri, à la pointe Saint-Merri ; mestre Jehan le cuisinier, à la porte Saint-Denis ; Gaulthier, le cuisinier, à la porte Baudaier (Baudoyer) ; Guillaume d'Arragon, à Petit-Pont ; Robert du Buisson, à Petit-Pont. »

STATUTS

D'après Lespinasse

« C'est l'ordonnance du mestier des oyers de la ville de Paris ; est telle et s'ensuit en ceste manière » :

1° Que touz ceulz qui vouldront tenir estal ou fenestre à vendre cuisine, sachent appareillier toutes manières de viandes communes et proffitables au peuple, qui a eulz appartient à vendre.

2° Que nulz ne puisse prendre varlet ou dit mestier d'ores et avant se il n'a esté aprentiz ou dit mestier deux ans ; ou se il n'est filz de mestre et aucune chose sache ou dit mestier.

Et se le filz de mestre ne sait riens du mestier par quoi il puisse la marchandise exercer, que il tiengne à ses dépens un des ouvriers dudit mestier qui en soict

---

(1) Sur un autre manuscrit, il y a : Robert l'Oyer, ce qui paraît plus conforme à l'origine du nom familial de ce personnage.

expers jusques à tant que y celui filz de mestre le sache convenable exercer aus ditz maistres dudit mestier. Et se il avient que aucuns des ouvriers dudit mestier face le contraire, il paiera X s. d'amende : *c'est assavoir VI s. au Roi et III s. aus maistres dudit mestier pour leur peine.*

3° Item, que pour chascun aprentiz qui sera miz ou dit mestier, le maîstre chez qui il sera miz paiera X s. : *c'est à savoir*, etc.

4° Item, que nulz ne puisse avoir que un aprentiz, suz peine de X s. d'amende. *C'est assavoir*, etc.

5° Item, que si li aprentiz se rachate, que li mestre de qui il se rachetera ne puisse prendre autre aprentiz, jusques à tant que li terme soit cheuz que l'aprentiz qui se rachètera estoit aloué et que bonnes lettres se facent hors du marchié entre les maistres et les aprentiz ou leurs amis, suz peine... etc.

6° Item, que se un maistre a un valet aloué, que un autre maistre ne lui fortraye, reçoive ou aloue jusques à tant que il ait fait son terme, se ce n'est du gré à y celui à qui il sera aloué, sur peine, etc.

7° MARCHÉS A LA VOLAILLE. — Item que nulz n'achete des que en la place ou es champs qui sont entre le ponceau du Roulle, du pont de Chaillou ou jusques aus faubours de Paris ou costé devers Saint-Honoré et le Louvre.

Et ne voisent en contre les marchans forains pour les acheter, ne faire compaignie de marchandise, sur peine de X s. d'amende et de forfaire la marchandise qu'i acheteront hors des lieux dessus diz.

8° QUALITÉ DES VIANDES. — Item, que nulz ne cuisie ou rôtisse ocs ou vel, aigniaux, chevrieaux ou couchons, se il ne sont bons, loyaux et souffisans pour mengier et pour vendre, et aient bonne mouelle, *sur la peine*, etc.

9° Item, que nulz ne puisse garder viande cuite jusques au tiers jour pour vendre ne acheter, se elle n'est salée souffisamment bien, suz les peines dessus dictes.

10° Item, que nulz ne puisse faire saucisses de nulle char que de porc, et que la char de porc de quoy elles seront faites soit seine, sur peine de la dicte amende. Et se ellez sont autres trovées, elles seront *Arses*.

11° Item, que nulz ne cuise char de buef, de mouton, ne de porc, se elle n'est bonne et loail et souffisant et bonne mouelle, sur la peine dessus dicte.

12° Item, que toutes chars que ils vendront soient cuites, salées et appareillées bien et souffisamment, Et celui chez qui aucune chose sera trovée des viandes où ait aucun desdits reprouches, qu'elles soient condempnées à ardoir et lui tenuz à paier la dicte amende au Roy et aus jurez, toutes foiz et quantes foiz que aucun y sera reppris.

13° Item, que nul dudict mestier ne puisse vendre boudin de sainc, à peine de la dicte amende, car c'est perilleuse viande.

14° Secours aux malheureux. — Item, que le tiers des amendes qui seront levées, afferans à la porcion des maistres dudit mestier pour les causes dessus dictes, soient *pour soutenir les povres vielles gens dudit mestier qui seront decheuz par fait de marchandise ou de viellece.*

15° Vente. — Item, que se aucune personne est devant estal ou fenestre de cuisiniers pour marchander ou acheter desdites cuisines, que se aucuns des autres cuisiniers l'appele devant qu'i s'en soit partiz de son gré de l'estal ou fenestre, si soit en la peine de V s. d'amende : III s. au Roy et II s. aus dits maistres.

16° Item, que nulz ne blasme la viande de l'autre se elle est loiauz, sur peine de V s. d'amende.

Tels sont les premiers statuts des cuisiniers oyers, ainsi que nous pouvons le remarquer dans les premiers articles, il est bien spécifié qu'il est nécessaire de connaitre le métier pour pouvoir prétendre à l'exercer, *même pour le fils de maitre*, l'article 2 mentionne, en effet, qu'il ne peut y avoir droit, qu'en s'adjoignant un compagnon expérimenté dans le cas où lui même ne le serait pas suffisamment. Un seul apprenti était autorisé. L'article 5 indique d'une façon formelle ce que nous avons déjà dit dans la première partie au sujet de la *vente de l'apprenti.*

L'article 7, ayant trait au marché de la volaille, nous renseigne sur l'endroit où il était d'usage de s'approvisionner.

L'article 8 ordonne que toute viande employée doit être de bonne qualité ; les cinq articles suivants interdisent la vente des marchandises en mauvais état de fraîcheur, lesquelles marchandises seront *arses* (brûlées).

Dans l'article 14, nous voyons un exemple touchant de la mutualité professionnelle à cette époque, exemple dont on devrait bien s'inspirer de nos jours ; la corporation des cuisiniers était, du reste, l'une des rares associations professionnelles où la solidarité s'exerçait de cette manière. Il convient toutefois d'y joindre la corporation des *Patissiers de pains d'épices* (voir l'art. 15 de leurs statuts de 1596).

Les derniers articles ont trait à la concurrence déloyale, laquelle s'exerçait, paraît-il, déjà à cette époque, comme en témoignent ces deux articles.

Étudions maintenant les statuts qui suivirent :

** **

ORDONNANCE DE 1300. — Le jeudi de l'Ascension 1300 ou 1301, parut une ordonnance de Guillaume Thiboust, prévôt de Paris, concernant le métier de cuisinier en particulier.

Voici un extrait de cette ordonnance (d'après M. de Lespinasse) :

« ... Avons ordonné que toute chair qui meurt sanz main de boucher soit arse.

Item, que toute char qui est reschauffée deux fois et tout potage reschauffé, touz pois, toutes fèves, portez parmi la ville ; toute char fresche gardée du Jeudy au Dymanche, et tout rost aussi..., toute char salée et fresche, puente ; toute char cuite hors de la ville ; toutes saucisses de char seurfemée ;... toute char que boucher n'ose vendre à son estail, poisson puanz, quiez ils soient, touz poissons cuiz de deux jours, etc., soient arses et condempnéea ; et que toutes personnes qui seront trovées ces choses dessus devisées faisanz, ou aucunes d'icelles, lesquelles seront punies de par nous ou par les jurez, lesquiez seront establiez un preudesomes, par nous ou nos successeurs... lesquieux jureront de bien et leaument garder le mestier avec le mestre des bouchers (1)... ce fut fet le jeudy après la marcesche ».

Ce fut presque trois cents ans plus tard, que Henri IV, en mars 1599, comme nous l'avons déjà dit, donna aux *queux-cuisiniers-porte-chappes*, des statuts spéciaux en 12 articles.

Comme il nous est impossible, vu le cadre de notre ouvrage de les reproduire dans leur intégralité, ce qui

---

(1) Le maître des bouchers avait une autorité sur tous les métiers qui touchaient à la boucherie.   LESPINASSE.

serait du reste fastidieux, tous les statuts qui ont régi nos métiers de bouche, nous analyserons seulement ces statuts, nous contentant d'avoir, à titre de curiosités historiques, reproduit les premiers que nous possédions.

L'ordonnance du roi Jean, de 1351, relative aux hôteliers de Paris, fixait le tarif suivant :

« Nul hotellier ne pourra prendre pour chascun cheval qui sera hébergé en leurs hostelz pour foing et avoyne, le jour jusques au soir, que XVI deniers parisis, et pour jour et muyt III sols, et pour disnée et matinée, selon le pris. » (Voir 1re partie : *Hoteliers-Cabaretiers.*

*_**

STATUTTS DE 1599 (29 Mars). — Il est en premier lieu interdit aux *Patissiers*, *rotisseurs* et *charcutiers* d'entreprendre les noces, festins ou banquets soit chez eux, soit au dehors, si ce n'est qu'en ce *qui concerne particulièrement leur métier*, sous peine d'amende. Les articles suivants concernent la maîtrise, laquelle est accordée après chef-d'œuvre, qui sera de chair et de poisson, exécuté diversement selon la saison, et en présence de douze maîtres du métier. Les fils de maîtres sont dispensés du chef-d'œuvre, mais ils doivent accomplir deux années d'apprentissage et payer les droits ; le maître ne peut prendre qu'un apprenti et pour deux ans. Les escuyers de cuisine, maîtres-queux, potagers, hasteurs, enfants de cuisine du Roy, de la Reine, des princes et princesses pouvaient, ainsi que nous l'avons dit, être reçus dès qu'il leur convenait, ainsi que les mêmes serviteurs des Présidents et Conseillers au Parlement, sous certaines conditions de temps de présence (3 ans), mais après *expérience*. Les garçons de cuisine *portant la hotte*, pouvaient quand bon leur semblait travailler au dehors pour les bourgeois, mais seulement à la journée et *sans faire acte d'entreprise*, sous peine d'amende.

Quatre maîtres jurés étaient nommés et renouvelables par moitié tous les deux ans.

Ces statuts de 1599 furent purement et simplement confirmés en 1612 et en 1645.

Vinrent ensuite les statuts de 1663, en 45 articles.

***

STATUTS DE 1663 (Aout). — Voici l'article Ier de ces statuts :

« L'expérience que les *jurés anciens bacheliers* (dans presque toutes les communautés, les maîtres étaient classés en quatre catégories : *Les jeunes*, lesquels comptaient moins de dix ans de maîtrise, les *modernes*, exerçant depuis plus de dix ans, *les anciens*, depuis plus de vingt ans, et enfin les *bacheliers*, lesquels avaient rempli les fonctions de juré), et maîtres queux, cuisi-

niers et porte chappes de la ville et fauxbourgs, banlieue, prévoté et vicomté de Paris, se sont acquise dans
la disposition de leurs festins, pour la satisfaction des
goûts les plus délicats, a passé pour si constante, qu'outre qu'ils demeurent en la possession des anciens privilèges dont le feu Roy Henry le Grand... les a honorés, ils
ne pourront dorénavant, soit en général, soit en particulier, estre traduits pour leurs causes, procès et différends
civils et criminels ailleurs qu'au Chastelet, en première
instance, et, en cas d'appel, au Parlement de Paris... »

Quatre jurés étaient élus chaque année le 15 octobre,
ils avaient l'obligation de faire quatre visites par an ; les
maîtres devaient payer tous les ans à la Confrérie (établie dans l'église des Saints-Innocents, sous l'invocation
de la Nativité de la Vierge), une somme de 20 sols sous
peine d'amende, et fournir un cierge blanc de 2 livres
le jour de la feste de la Confrérie. La présence à la messe
du dimanche était obligatoire pour les administrateurs
de la Confrérie ; ils devaient de plus contrôler le rende-
ment du pain bénit ; ladite présence à la messe était également obligatoire pour tous maîtres le jour de la Nativité de la Vierge, patronne de la communauté. Ils
étaient du reste conviés à être aussi exacts que possible
au service divin des autres jours. Les maîtres reçus à
Paris pouvaient aller s'établir dans toute ville du
Royaume, en faisant enregistrer leurs lettres aux gref-
fes des juridictions locales.

L'apprentissage était de 3 ans. Durant 10 ans, l'on ne devait plus prendre d'apprentis, pour « *rétablir l'honneur de la Communauté et la réduire au point de vue de sa perfection active.* »

Nous voyons à l'article 20 : « Si l'apprenti n'achève entièrement sous son maitre le temps porté à son brevet, il demeurera déchu de parvenir à ladite maîtrise, et en cas qu'il commette une action *lasche, honteuse* et *indigne du respect* qu'il doit à son dict *maître* et à *sa famille* et aux personnes *ses alliés,* son procès lui sera fait et parfait aux dépens de la dite communauté, à la diligence des dits jurés, à peine de démission. »

L'article 22 stipule, comme dans les statuts de 1599, que défense est faite à quiconque n'est pas du métier d'entreprendre noces, festins, banquets, collations et autres choses dépendant dudit art de cuisinier; de tenir salles propres à cet effet et n'y exposer écriteaux ou plats de gelée, à moins d'avoir fait chef-d'œuvre en chair et en poisson, en présence des anciens, bacheliers, maitres et administrateurs de ladite Confrérie. Seulement à chacun desquels l'aspirant sera tenu de donner 6 livres outre les droits de boite et de Confrérie, par l'ordre de Sa Majesté, au Chastelet.

Les fils de maitres conservaient leurs prérogatives, sauf à avoir servi leur père ou un maitre durant 2 ans ; ils ne payaient que la moitié des droits et prêtaient serment.

Défense était faite à tout membre de la communauté de louer ou prêter ses maisons, salles ou appartements à qui que ce soit, comme de prêter, louer ou laisser leur vaisselle d'argent, d'étain, pots, broches, linges et autres ustensiles, même aux *rotisseurs, patissiers, taverniers, cabaretiers,* etc., qui sont déclarés ennemis de la communauté.

Dans le cas où ils auraient besoin d'aide pour leur travail, ils ne pourront s'adresser qu'à un de leurs confrères et maitre de la communauté.

Sur la plainte des *cuisiniers* que les *rotisseurs* faisaient des banquets, en ayant chez eux un maitre cuisinier, intervint un arrêt du Parlement du 29 juillet 1628, qui ordonne néanmoins, *pour la commodité du public,* que lesdits rôtisseurs pourront vendre *en leur boutique* « jusques au nombre de trois plats de viande bouillie et à trois plats de fricassée, *sans qu'il leur soit permis de les transporter ès-salles publiques* ». (Lespinasse, d'après Coll. Lamoignon).

Comme modification importante aux statuts de 1599, nous notons qu'il est défendu, en exécution d'une sentence du Prévôt de Paris du 18 novembre 1648, aux *écuyers de cuisine, potagers, hasteurs,* etc., de la maison du Roy, de faire concurrence aux maitres cuisiniers, sauf à se faire admettre de la communauté en payant les droits et prêtant serment ; la même défense était faite, du reste, aux *cabaretiers, marchands de vins, taverniers,* etc., à peine d'amende arbitraire. (Ces procès avec les taverniers durèrent indéfiniment et nécessitèrent un arrêt du 4 mai 1701 réglant la question). *Lespinasse.*

Les garçons de cuisine portant la hotte pouvaient toujours travailler en journée chez les bourgeois, mais sans rien entreprendre, festins, banquets, ambigus, sous peine d'être privés de la faculté de porter à l'avenir la hotte et de 12 livres d'amende, moitié aux jurés, moitié à la confrérie.

Chaque maître devait verser à la boîte de la confrérie 7 sols, 6 deniers, pour chaque noce entreprise, sans faire fraude, à peine de punition, en cas de récidive, obligation était exigée de s'entr'aider les uns les autres. Les maîtres étaient du reste dans l'obligation de tenir un registre fidèle des noces qu'ils faisaient, pour pouvoir les présenter selon le cas, aux jurés. Nul ne pouvait prendre d'enseigne semblable à celle de son confrère, « ny approchant d'icelle » sous peine de 200 livres d'amende et de privation des honneurs de la communauté. Il était également interdit d'entreprendre l'un contre l'autre, ainsi que de se servir de compagnons *sans le consentement des maîtres sous lesquels ils auront demeuré et qu'ils en soient satisfaits* !!! sous peine de blâme en Assemblée générale. Pour assurer « l'exécution légitime des commandements de l'Eglise, très expresse inhibition était faite d'entreprendre aucun banquet etc. en viande ni chair défendue pendant le saint temps de caresme, vigiles, jeûnes et autres jours maigres réservés, à peine de punitions exemplaires. »

Tels furent les derniers statuts qui régirent la corporation avant l'abolition des communautés en 1791.

II. — ROTISSEURS

Nous avons indiqué, au début de l'article précédent, que les premiers statuts des *rotisseurs*, lesquels s'approprièrent les statuts des anciens *cuisiniers-oyers*, datent de 1509. Ils se réservaient le monopole de trousser, parer, rôtir les volailles et le gibier à poils et à plumes, les agneaux et les chevreaux. Ils eurent plusieurs procès avec les *poulaillers* et *charcutiers*, lesquels procès leur donnèrent, du reste, satisfaction. Eux seuls eurent le droit de passer les volailles au feu (Lespinasse). Un arrêt de 1650 les autorisait à avoir deux apprentis. Le bureau de la Confrérie était situé quai des Augustins ; elle était établie sous le patronage de l'Assomption de la Vierge, en la chapelle des Cordeliers.

CHAPELLE DES CORDELIERS. — Le couvent des Cordeliers occupait l'emplacement du musée Dupuytren actuel, lequel a été installé dans l'ancien réfectoire des Cordeliers, rue de l'Ecole de Médecine, en face la rue Hautefeuille. Chose bizarre, le *liseur* de la Communauté, en 1381, se nommait *Thomas de Cussi*. Le couvent, détruit en 1580 par un incendie, fut reconstruit par Henri III. La famille de Thou contribua à la réédification de l'Eglise.

****

ORDONNANCE DE 1499. — Une ordonnance du 15 avril 1499 sur l'approvisionnement des divers marchés (de la *Cossonnerie*, pour les poulailles et autres chairs ; des *Pierres à Poissons*, pour le poisson ; du *Cimetière Saint-Jean*, pour les œufs, fromages et beurres) interdisant aux *regrattiers, poulaillers, rotisseurs, cuisiniers*, etc., d'entrer au marché avec les bourgeois et d'accaparer les vivres hors des places désignées par l'usage (Lamarre, *Livre de la Police*, t. II, p. 1422).

****

ORDONNANCE DE 1546. — Une autre ordonnance du 20 octobre 1546 taxait le prix de la volaille mise en vente et spécifiait que les *rotisseurs* ne pourraient prendre, pour *larder* et *appareiller les volailles*, plus de *quatre deniers tournois* par pièce pour le *menu gibier* comme pouletz, pigeons, perdrix, bécasses, pleuviers, sarcelles, bizets, ramiers, etc... Pour le *moyen*, comme chappons, poulles, connins, lapins, douzaine d'alouettes et autres semblables : *huict deniers tournois*.

Pour la cuisson des susdites : ung denier tournois pour le menu et deux deniers pour les moyennes pièces.

ARRÊT DU PARLEMENT DU 14 AOUT 1578. — Défendant aux poulaillers de mettre en vente des viandes appareillées, blanchies ou lardées ni ayant *undeur* de feu (couleur de feu), réservant ces prérogatives aux seuls rôtisseurs et ne laissant aux poulailliers que la liberté de la vente en *poil ou en plume* et, en la seule *Vallée de Misère* (1) ou en leurs ouvroirs et boutiques (Lamoignon).

ARRÊTS DE 1620 ET 1674. — Un autre arrêt du 1er février 1620 condamna les rôtisseurs qui prétendaient empêcher les *hotelliers* de *préparer, larder* et *apprêter*

---

(1) Nous avons dit déjà que la Vallée de la Misère ou Vallée occupait l'emplacement d'une partie de la rue des Halles actuelle ; du moins jusqu'au XVIe siècle, car à partir de 1672, le marché à la volaille fut transféré quai des Grands-Augustins (Lamarre).

toutes sortes de viandes, volailles et gibiers et les exposer en vente à leurs hôtes. — Un jugement de la Chambre des Eaux et Forêts du 17 avril 1674 prescrivit un règlement pour la vente du gibier (bêtes fauves rousses et noires) par les *rotisseurs* et applicables aux *patissiers* pour la vente en pâte des mêmes produits. (Défense était également faite de mettre en vente ou en pâte : les lièvres depuis le 1er jour de Carême jusqu'à la fin juin, et les perdrix, depuis la même époque jusqu'à fin juillet (Lamoignon).

**
* **

STATUTS DE 1509. — Les premiers statuts des Rotisseurs de 1509, sont, nous l'avons déjà dit, les mêmes que ceux des Cuisiniers-Oyers déjà cités dans cet ouvrage (statuts de 1280), avec l'addition des 3 articles suivants :

Lettres patentes de Louis XII homologuant les statuts de 1280 avec additions suivantes :

1° Que touz ceulz qui voudront tenir ouvrouer et fenestre ouverte à vendre toutes viandes habillées, lardées, en poil et en plume, rosties et prêtes pour l'usage du corps humain, avant qu'il puisse tenir ledict ouvrouer et fenestre sera expérimenté par les maistres jurez dudit mestier, a ce congnoissanz s'il est expers pour dedit mestier... et payer, etc...

2° Que nulle autre personne, de quelque estat ou condition qu'elle soit, ne puisse habiller ne vendre viande qui aye eu undeur de feu, fors tant seulemeut les dits maistres rotisseurs.

15° Item que nul desdits maistres rotisseurs ne pourra ouvrir son dit ouvrouer et fenestre aux 4 bonnes festes de la benoiste Vierge Marie, en l'année, pour rostir aucunes viandes, et ce sur peine de 20 solz parisis d'amende, etc...

Ces statuts furent confirmés en 1527, 1548, 1560, 1575, 1594 et 1610 et modifiés en 1744.

*
* *

STATUTS DE 1744. — Ces statuts confirmaient les anciens privilèges des maîtres rôtisseurs de Paris et des faubourgs dans le droit, *à l'exclusion de tous gens de bouche* reçus ou non maîtres dans une autre communauté, de vendre et débiter toutes sortes de volailles et gibiers, agneaux, chevreaux et cochons de lait, habillés en poil ou en plume, piqués, lardés ou rotis et prêts à manger, à peine de confiscation et de 500 livres d'amende, applicable moitié au profit des jurés rôtisseurs et moitié à celui de l'hôpital général ; conformément aux précédents statuts de 1509, lesquels n'étaient autres que ceux de 1280, ce qui (ainsi que le fait remarquer M. de Lespinasse) établit que lesdits statuts furent en vigueur pendant près de 500 ans ; le cas est très rare et ne se représente que chez les boulangers.

Quatre jurés étaient nommés pour deux ans renouvelables par moitié chaque année ; pour être élu, il fallait 6 années de maitrise accomplies et tenir boutique ouverte.

Le vote était obligatoire sous certaines conditions et l'absence était punie d'une amende de 4 livres.

Les jurés obtenaient le droit de visite chez les rôtisseurs qui, sans être maitres, exerçaient en lieux privilégiés. Nul ne pouvait aspirer à la maitrise, s'il n'avait accompli quatre années d'apprentissage, lequel ne pouvait commencer qu'à douze ans accomplis et par contrat passé par devant le notaire de la communauté en présence de deux jurés au moins (une sentence du Chatelet du 5 janvier 1650, homologuant une délibération des maitres rôtisseurs, décidait que ceux-ci ne pouvaient avoir en leur boutique que deux apprentis). Il était perçu un droit de six livres pour la Communauté et de dix sols pour chaque juré à chaque contract.

L'apprenti ne pouvait se marier sans le consentement du maître. Après une absence de six semaines, le contrat était annulé et défense faite aux autres maîtres d'employer le fugitif sous peine de soixante livres d'amende. Le maître pouvait néanmoins céder son apprenti à un confrère, mais non à un *rotisseur privilé-*

gié, c'est-à-dire habitant un lieu prévilégié, mais n'étant pas maître reconnu de la Communauté.

Pour obtenir la maîtrise, l'apprenti devait, après son apprentissage de quatre années, servir en qualité de compagnon six autres années. Le maître pouvait avoir à son service plusieurs compagnons, mais il ne pouvait en débaucher aucun sans le consentement express du maître chez lequel il était engagé, sous peine de 50 livres d'amende.

Défense était faite à tous apprentis et compagnons rôtisseurs de s'engager au service des maîtres, *traiteurs, patissiers, cabaretiers* ou *aubergistes* et à ceux-ci de les recevoir à moins qu'ils ne soient également maîtres de cette communauté, à peine pour ces derniers de 500 livres d'amende ; pour les apprentis, de la perte du brevet et, pour les compagnons, de la privation du droit de compagnonnage et de l'admission à la maîtrise.

Les articles suivants indiquent les conditions exigées pour obtenir la maîtrise, laquelle ne pouvait être obtenue sous aucun prétexte par l'aspirant *sans qualité*, c'est-à-dire : *par lettre de maîtrise.*

Les maîtres ne pouvaient avoir qu'*une boutique avec leur échoppe* au marché (voir 1re partie : Les Halles.

Il n'était permis aux veuves de continuer le métier du mari, qu'autant qu'elles demeuraient en état de *viduité ;* elles ne pouvaient pas prendre d'apprenti, mais pouvaient garder ceux qui étaient déjà à la maison.

LE CARREAU DE LA VALLÉE. — Il était enjoint aux marchands qui apportaient la volaille au marché, d'ouvrir leurs paniers aussitôt qu'ils étaient arrivés et d'exposer sur iceux une partie de leur marchandise, la vendre et livrer aux bourgeois, en offrant un prix raisonnable, sans attendre l'heure des rôtisseurs sous peine de 30 livres d'amende.

Les maîtres jurés devaient visiter sur le carreau de la Vallée, avant ou après l'heure du bourgeois, toutes les sortes de volailles, gibiers, agneaux, chevreaux et cochons de lait, et saisir toutes celles trouvées défectueuses, à peine par les contrevenants de 300 livres d'amende au profit des jurés ou de leur communauté.

Lesdits marchands ne pouvaient exposer en vente aucune pièce *déguisée*. Défense était faite de les *écrester*, *dégraisser* et *viduer*. Il leur était cependant enjoint de couper l'extrémité des deux oreilles des *lapins de clapier* pour les distinguer des *garennes*. Ils étaient également tenuz de couper la gorge aux *canards pailliés* (élevés en basse-cour) pour permettre de les reconnaître d'avec les *canards sauvages* ; le tout sous peine d'amende et confiscation. (Une sentence du Châtelet du 1er avril 1648 reconnaissait aux Rôtisseurs le droit de visite sur les *agneaux* et *chevreaux*, à l'encontre des bouchers).

Les marchands ne pouvaient vendre qu'eux-mêmes, sans pouvoir se servir de facteur ou factrice. Ils ne pouvaient également vendre qu'en la Vallée de Misère et non ailleurs.

Les rôtisseurs ne pouvaient se trouver que seuls et n'envoyer aucune autre personne sur le carreau de la Vallée, à l'effet d'y acheter pour leur compte particulier ; à peine de deux cents livres d'amende.

Les maîtres rôtisseurs devaient chômer aux quatre grandes fêtes de Pâques, Pentecôte, Toussaint et Noël.

Les *traiteurs, aubergistes, cabaretiers* et *gargottiers* de la ville ne pouvaient acheter aux marchands, mais aux seuls rôtisseurs en boutique, leurs volailles, gibiers, agneaux et chevreaux.

Il était permis aux maîtres rôtisseurs de se munir de première main aux marchands-forains, à l'exclusion des maîtres charcutiers, du lard frais et salé pour l'usage de leur profession.

La double maîtrise de traiteur et rôtisseur était encore autorisée, mais *sans pouvoir tenir deux boutiques*.

Les rôtisseurs, comme nous l'avons déjà dit à l'article *Cuisiniers*, ne pouvaient faire de repas entier, ils étaient taxés *trois plats de rôtis* et *fricassée*.

Tels furent les derniers statuts des rôtisseurs, statuts datés du camp d'Ypres et signés du roi Louis XV.

Sur requête présentée par Veuve Gilles Montigny, François Rousseau, Pierre Ysambourg, Anthoyne Polbot, Gauthier et Henri Tringartz, Mathurin Proches et Pierre Jonchet, rôtisseurs de Blois, ces derniers obtinrent le 19 décembre 1598, les statuts légèrement modifiés des Rôtisseurs de Paris.

PATISSIERS-OUBLAYERS

GÉNÉRALITÉS. — Avant le XVIe siècle, l'art du
Pâtissier englobait la véritable pâtisserie (pâtisserie de
graisse et de viande, concernant les pâtés à la viande,
au fromage et au poisson) et la fabrication des oublies
(pâtisseries légères).

***

ORDONNANCE DU ROI JEAN. — L'ordonnance du
roi Jean, du 30 janvier 1351, que nous avons déjà
citée, nous dit que : « Toutes manières de thalemeliers
(boulangers), fourniers et pasticiers qui ont accoustumé

cuire pain à bourgeois et à austres gens quelzconques, seront tenuz de saccer, bulleter, pestrir et tourner les farines qui leur seront baillées ès-maisons et domicilles desdits bourgeois et austres gens, et de l'apporter et cuire en leurs maisons..... etc. etc. (en cas de refus, amende de LX sols) ».

Puis plus loin : « Lesdits pasticiers ne pourront garder leurs pastez que ung jour, ne la char de quoy ilz feront vieulz pastez, sur peine de XX sols parisis d'amende ».

En 1500, nous voyons dans le Dictionnaire de Jean de Garlande, page 26 : « Pastillos de carnibus porcinis at pullinis et anguillis cum pipere, tartas et flaçones factos caseis mollibus et ovis sanis ». Les pataiers ou pâtissiers (*pastillarii*) vendaient des pâtés de porc, de volaille, d'anguille, assaisonnés de poivre, des tartes et des flans farcis de fromages mous et d'œufs frais.

D'après Lespinasse, qui fait grande autorité en cette matières, les boulangers, jusque vers la seconde moitié du XVᵉ siècle, s'étaient réservé le monopole de la fabrication des pâtés à la viande (les statuts d'Etienne Boileau n'en parlent cependant pas). M. de Lespinasse ajoute : « Les boulangers ayant à leur disposition un four et de la farine ne pouvaient faire autrement que de confectionner de la pâtisserie. Cependant, vers 1270, les oublayers font leur apparition, puis, en 1440, les pâtissiers proprement dits, et enfin, en 1596, une spécialité de la pâtisserie : les pâtissiers de pain d'épices (pâtissiers sucrés, *pistores dulciarii*), à une certaine époque même (1440), une distinction s'était établie entre les pâtissiers oublayers *(simplices vel dulciores)* et les pâtissiers de graisse (*adipementarii*).

* *
*

LE GASTELIER. — Les pains de fantaisie qui étaient chez les oublayers exempts de taxes, s'appelaient gàteaux et échaudés. En général, ils étaient destinés à être offerts en dons ou en redevance aux églises ou aux seigneurs ; le Wastellier ou gastellier était le fabricant de gâteaux (wastels). La redevance portait le nom de gastellerie (Ducange).

* *
*

LES OUBLAYERS. — Les oublayers fabriquaient les hosties et le pain à chanter ; peu à peu ils étendirent leur commerce à la confection d'autres pâtisseries destinées également aux gens d'églises, comme les *nieulles* qu'on attachait aux pattes des oiseaux lâchés dans l'église pendant le *Gloria in excelsis*, et les échaudés, gàteaux de pâte échaudée qui seule pouvait être mise au four le jour des morts ; aux jours de fêtes, ils mettaient en vente, aux portes des églises, des gaufres à pardon, coulées dans des fers représentant des sujets sacrés ; ils fabriquaient également des fouaces, sortes de pains faits de fleurs de farine, en forme de galettes et ordinairement cuits sous la cendre (Voir Brenassiers et fouaciers).

L'apprentissage était de cinq années. La confrérie, placée sous le patronage de Saint Michel, avait son bureau rue de la Poterie, près les halles. Le chef-d'œuvre exigeait la confection d'un millier de plaisirs ou nieulles, en une journée. Plus tard, ces nieulles se subdivisèrent, pour l'exécution du chef-d'œuvre, en oublies, gaufres ou supplications, plaisirs ou estrées, et eschaudés.

Il etait interdit d'employer des étrangers aux différents services du métier ; le plus grand souci des pâtissiers, d'après leurs statuts, était d'empêcher, et cela tout à leur louange, l'emploi de marchandises de mauvais aloi : « *non dignes de user au corps humain* ».

Guillaume d'Allègres, prévôt de Paris, interdit la vente des pâtés au-dessous du prix taxé, pour la raison qu'ils pouvaient être mauvais ou nuisibles (1522).

Au XVIIe siècle, la durée de l'apprentissage était encore d'une durée de cinq ans, moyennant un droit de X sols, moitié au roi, moitié à la confrérie.

Les Pâtissiers pouvaient vendre du vin et donner à boire : nul ne pouvait, nous le répétons, entreprendre noces ou banquets sans le secours de leur ministère, en ce qui concernait leur spécialité ; il en était de même, nous l'avons dit, à l'égard des rôtisseurs ; mais il leur était interdit, par les statuts des charcutiers, de faire aucun étalage de marchandise de porc, ni de faire aucune indication sur leurs plafonds, écriteaux, etc. ; défense aussi de vendre, soit en gros, soit en détail, aucuns jambons, ni lards frais ou salés.

*
* *

PATISSERIES DIVERSES. — Parmi les produits de la pâtisserie au XVe siècle, en dehors des oublies, estrées, supplications et échaudés, dont nous venons de parler, nous citerons les « bueignets » (connus dès le XIIe siècle). On en faisait à la moelle de bœuf, aux œufs de brochet, au riz, aux amandes, au caillé, à la sauge, aux figues, etc. L'on fabriquait des tartes aux raves, coings, courges, fleurs de sureau, gruau d'avoine, châtaignes, cerises, dattes, etc. Les gohières étaient des flans à la crème ; les popelins, des flans au fromage ; les massepains et le nougat existait déjà en Provence, mais ce dernier se faisait au miel. Les darioles étaient des espèces de tartes riolées, c'est-à-dire coupées en différents sens par des bandes de pâte ; les flanets, casse-museaultx, talmouses, râtons, etc.

Il est utile de dire que certains desserts de pâtisserie portaient à cette époque des noms et affectaient des formes obscènes (Communication à l'Académie de Cuisine du 2 août 1897, par E. Darenne : Dénomination de certains mots).

Nous indiquerons encore les gâteaux verolez signalés par Bonnefons : « Sur une pâte de brioche, on mettait des petits lopins de fromage fin et de beurre ». Les Ramequins consistaient invariablement en une rôtie de pain grillée et garnie de différentes manières.

Les Guilledins : fromage blanc fariné et salé, enveloppé dans un carré de feuilletage commun replié ensuite, aplati avec la paume de la main; puis doré; on en fait encore à Chevreuse (Seine-et-Oise), mais *seulement le jour de la Saint-Martin d'hiver* (11 novembre).

Nous devons encore mentionner les tourtes de diverses sortes : de lard, de moelle, de pigeonneaux, de frangipane, de pistaches, de toutes sortes de poissons et gibiers ; de même pour les pâtés : d'alouetttes, de chamois, de lirons (loirs), de coings, à la marotte à la cardinale et de tous poissons.

Les statuts de 1485 prescrivaient le chômage aux fêtes légales et à la *Saint-Michel, patron de la corporation*. Le siège de la confrérie était situé au Palais de Justice, dans la basse Sainte-Chapelle.

En mai 1270, Régnaut Barbou, prévot de Paris, enregistra, sur la demande des *maîtres oubloyers* et *vallez d'oubloierie*, les statuts suivants qui commencent la série de ces documents concernant spécialement les *pâtissiers-oubloyers*.

STATUTS DE 1270

ARTICLE 1er. — Quiconques voel estre oblier, en la ville de Paris, estre le puet quitement, franchement, pour qu'il sache fère le mestier, et qu'il ait de quoi, et que il garde les us et les coustumes du mestier qui tieux sont :

ART. 2. — Nus de ceux du mestier dessudit ne poent, ne doivent tenir ouvrier, quelque il soit, se il ne fet un millier de *nieles* le jour au moins, ne ne poent, ne ne doivent tenir ouvrier nul, pour que il saichent qu'il soit houillier.

ART. 3. — Nus des mestres du mestier dessus dit ne puent ne ne doivent fere pouter nuiles à vendre, en la ville de Paris, à feme nulle, se elle n'est ouvrière du mestier dessus dit.

ART. 4. — Nus des mestres dessus dit ne puent, ne ne doivent fourtraire autrui apprentiz, ne aucun sergent pour que il le sache.

ART. 5. — Nus des mestres ne des ouvriers du mestier dessus dit ne puent, ne ne doivent jouer aux dez à argent sec.

ART. 6. — Nus des mestres ne puent, ne ne doivent prendre nul apprentiz nul, à moins de 5 ans.

ART. 7. — Nus des mestres du mestier dessudit ne puent, ne ne doivent acheter aucuns de confrairie, ne

d'autres lieux, ne mettre en œvre, ne fere en mestier
nul, se ils ne sont de bons œfs et de loais. Et ne puent
ne ne doivent les maistres, ne li vallees, donner que
II gaffres pour un denier et VIII bastons pour un denier,
bons et loyals, et metables.

ART. 8. — Nus des mestres ne des ouvriers du mestier dessus dit ne puent, ne ne doivent aler chyez juyf,
pour mestier fere. Quiconques mesprendra en aucun
des articles dessus diz, il paiera XX s. d'amende au
Roy, toutes les fois qu'il en seroit repris.

ART. 9. — Et est assavoir que les maistres du mestier dessudit doivent à leur vallez II deniers pour toutes
les nuiz qu'ils deffaudront de bailler leur dict mestier. Et
li vallet doivent aux maistres II deniers pour toutes les
fois qu'ils deffaudront de porter leur mestier à leurs
maistres.

ART. 10. — Et nous à la requeste des mestres et
des vallez du mestier dessudit, par l'acort de nous et
de eux, avons establi pour garder le mestier dessudit,
Guillaume le Breton et Jehan le Bourguignon, tous deux
oubliers. Lesquelz deux preudomes dessus dit nous doivent faire assavoir, si comme ils le jurèrent sur sains,
toutes les mesprentures qui seront fétes ou mestier dessudit, pour qu'ils le sachent au plus tost qu'ils pourront.

ART. 11. — Et est assavoir que nus des maistres du
mestier dessudit ne puent, ne ne doivent porter mestier nul d'oubloierie pour egleise nulle, quelle que elle

soit, ne ne puent, ne ne doivent fere affere nul mestier, qui appartienne à oubloierie, à jour de feste, quelle que elle soit, se ce n'est pour son ouvrier. Et qui autrement le feroit, il paieroit XX sols d'amende au Roy, toutes les fois qu'il seroit repris. En tesmoing de ce, nous, à la requeste des parties dessudites, avons mis en cet escript le scel de la Prévosté de Paris. L'an de l'Incarnation de notre Seigneur Mil CCLXX, au mois de may.

A la lecture de ces statuts. l'on remarque, ainsi que nous l'avons déjà observé, qu'il est exigé du maître une connaissance parfaite du métier, ce qui est assez naturel et devrait exister encore de nos jours. L'ouvrier, d'autre part, est lui-même assujetti à l'exécution d'un certain labeur journalier, lorsque probablement une poussée peut se produire ; les femmes, quoique non exclues du métier, ainsi que nous le fait supposer l'article 3, ne sont toutefois admises à vendre les nieulles ou, en général, les oublies en ville, que si elles-mêmes sont aptes au métier, ce qui nous paraît un tant soit peu exigeant.

Défense est faite de soustraire l'apprenti d'un confrère ; la durée de l'apprentissage est elle-même fixée à 5 années.

Le maître ou l'ouvrier transportant les oublies en ville ne pouvaient jouer d'argent aux dés. Ils pouvaient toutefois jouer leur marchandise et même le coffre la contenant. Lorsqu'ils perdaient celui-ci, ils ne pouvaient le racheter, mais seulement le jouer contre des oublies.

L'oublayeur ne pouvait acheter les *aubuns de la Confrérie*, ce qui nous paraît désigner les offrandes ou redevances faites en nature soit aux seigneurs, soit aux abbayes ; il lui était également prescrit de ne faire *nuls*, ou plutôt *nulles*, (espèces de crêpes) qu'avec des œfs (œufs) bons et loails ; il lui était ordonné de ne donner que II gauffres pour un denier et VIII bâtons pour le même prix, le tout bon et loial également.

Défense était faite, à l'ouvrier comme au maître, de se mettre au service d'un juif, sous peine de XX sols d'amende.

Le maître qui ne donnait pas d'ouvrage à son valet lui devait une indemnité de II deniers par nuit de chômage ; par réciprocité, le valet qui manquait à son travail devait II deniers à son maître, par nuit de manquement au travail.

Les deux derniers articles font défense de fabriquer oublies les jours de fête sous peine de XX sols d'amende et désignent les sieurs Guillaume le Breton et Jehan le Bourguignon comme preudomes jurés du métier, fonction qu'ils acceptent, en jurant sur les saints de bien remplir.

****

STATUTS DE 1397. — Les statuts qui vinrent ensuite, sur la demande des intéressés, datent de 1397 (18 octobre). Ils sont formulés en 13 articles ; pour ne point abuser de la patience du lecteur, nous nous contenterons de les analyser, ainsi que les statuts qui suivirent.

Pour tenir ouvroir, le maître devait être ouvrier de la ville de Paris et savoir faire, en un jour : 500 grandes oublies, 300 supplications et 200 estérels bons et suffisans et faire la pâte pour ledit ouvrage. Il devait être de bonne vie et renommée, sans être *holier* (?).

La femme ne pouvait faire pain à chanter ni porter en ville ; la veuve ne pouvait prendre d'apprenti, mais pouvait conserver celui existant.

Le jeu d'argent était encore interdit ; le maître pouvait dès lors prendre autant d'apprentis qu'il lui convenait et pour le temps qu'il voulait ; mais il lui était interdit de soustraire l'apprenti d'un confrère ; l'apprenti, d'autre part, devait verser V sols au roi et V sols à la Confrérie de Saint-Michel ; il était toujours interdit de se mettre au service des juifs, et ordonné de se servir de bons et loyaux œufs.

Chaque maître ne pouvait transporter sur les lieux de fête qu'un seul four mobile ; il n'était autorisé à transporter aval de Paris que *petites oublées de paste clère*, sous peine d'amende.

A la suite de ces statuts, figurent les 30 noms d'oubliers de Paris qui en acceptèrent la rédaction.

STATUTS DE 1406. — En août 1406, quelques modifications furent introduites aux statuts de 1397. — Il fut défendu de prendre des apprentis pour moins de 5 ans, aussi bien dans l'intérêt du maître que dans celui de l'enfant qui ne saurait en moins de temps apprendre le dit métier et *gaingner loyamment sa vie*.

L'ouvrier désirant passer maître était assujetti au chef-d'œuvre, à moins qu'il ne fut fils de maître. L'ouvroir devait être absolument séparé et distinct des ouvriers des autres corporations.

Lorsque les maîtres allaient faire *gauffres à pardon* (pâtissiers sur les lieux de fête), ils devaient se tenir à une distance d'au moins deux toises les uns des autres. Il était également interdit de vendre ou exposer en vente *pain à chanter*, avant qu'il n'ait été visité par les maîtres-jurés.

** * **

STATUTS DE 1440. — En août 1440, nouvelles modifications sur la demande de Mathieu Girard, Jehan Varlet, Jehan Guy, Poncelet Boutte-Dessous, Jehan Delafontaine, Guillaume Aurillet, Laurent Caillart, Jehan Rigollet, Thomas Raymond, Chastellin de Rouen, Jehan de Hencourt, Frammot de Bailleul et Denisot Richier, maîtres-pâtissiers.

Il était toujours nécessaire pour obtenir la maîtrise, d'être *honneste vie et bonne convirsacion*. Il était interdit de faire *pastez de chairs seursemées ne puantes*, ni de poisson corrompu.

Interdiction également de faire des flans de lait tourné ni écrémé, ne de tartelettes que de bon fromaige non moisi, pour plusieurs inconvénients qui pourraient s'ensuir ; défense de faire ruissoles de porc seursemé, mais de bon porc et bon veau, de bonne loy et de bonnes mixtions ; l'on ne pouvait garder le tout que le jour de la fabrication et le lendemain, mais à condition de bien épicer et non autrement : le tout sous peine d'amende et de voir : arses (brûlées) devant l'hôtel du coupable les marchandises de mauvais aloi.

Défense de mettre en vente des pastés réchauffés et d'envoyer offrir *parmi les tavernes*, petits pastez d'un blanc, dariolles ou ruissolles, à moins qu'on ne les envoye quérir.

Le nombre des apprentis était limité à deux, le nombre des valets illimité.

Il était interdit de soustraire (fortraire) les chalauds d'un confrère, ni de porter ou envoyer message ni cédulles à cette fin.

Des boulangers pouvaient encore pratiquer la pâtisserie, ainsi que la veuve du maître. Trois jurés étaient institués. Les quatre grandes fêtes de l'année comportaient chômage, sauf autorité de justice.

STATUTS DE 1479, de Jehan de Saint Roumain, prévôt de Paris, suppliant humblement les paticiers de cette ville, en la personne de Henry Benoist, Guillaume Mignot, Nicolas Delecourt, Pierre Rongnon, Thévenin Carré, Jehan Dadam, Jehan Lemaire, etc., de chômer à la Fête-Dieu et à l'Assomption, en sus du chômage de Pâques, Pentecôte, Toussaint et Noël.

*
* *

LETTRES DU 6 SEPTEMBRE 1485, de Jacques d'Estouteville, ordonnant le chômage de la fête de Saint Michel, patron de la confrérie, laquelle faisait chanter et célébrer chaque semaine deux messes et autre service solennel en la chapelle du Palais-Royal ; lettres délivrées sur demande de plusieurs maîtres désignés plus haut, pâtissiers ou oublayers, et de Jehan Lenffant, G. Gugué, Thomas Houze, Pierre Poulas, Pierre Garnier, Jehan Raulant, pâtissiers en la ville de Paris.

*
* *

SENTENCE DU 12 OCTOBRE 1489. — Cette sentence prescrivait aux pâtissiers de ne tenir qu'une boutique ou étal, sauf les jours ordinaires de marché (mercredi et samedi) et de ne faire colporter leurs marchandises que par leurs apprentis ou valets, à l'exclusion de tout autre.

LETTRES DU 6 JUIN 1497. — Rappelant la sentence ci-dessus de ne porter en ville : flannetz, tartelettes, ratons, cassemuseaulz, tartes à pommes, pastez, tallemouses, eschaudez et autres menus ouvrages, que par leurs apprentis, à l'exclusion de gens qui ne sont le plus souvent que : maraulx, larrons, pipeurs, crocheteurs, couppeurs de bources ou autres métiers répugnants.

* *
*

LETTRES DU 27 NOVEMBRE 1522. — Ces lettres défendaient aux maitres de fabriquer des pàtés au dessous de 5 deniers parisis ; parce que si on les fait à moins, ce n'est qu'avec de la viande corrompue, dans laquelle on a ajouté de l'oignon ôtant le goùt de ladite corruption et pouvant engendrer peste et maladies, le tout sous peine de confiscation de la marchandise, qui serait jetée à la rivière, et de 60 sols d'amende.

* *
*

STATUTS DE 1566, EN 34 ARTICLES. — Parmi les modifications qui figurent dans ces statuts, nous remarquons la fusion qui s'opère des deux métiers de pàtissier et d'oublayer ; en effet, le chef-d'œuvre se compose désormais, quant à la pàtisserye, de 6 plats complets en ung jour à la discrétion des jurez, et pour l'oublayer, toujours de grandes oublyes, de supplications et d'estrées.

L'apprentissage, toujours de cinq années et non moins, pouvait être rompu par une absence de trois mois, et deffense aux confrères d'employer le fugitif.

Les pàtissiers étaient autorisés à mesurer leur bled à l'heure accoutumée, attendu que le plus beau bled n'est pas trop bon pour fine ouvraige de pàtisserye, et aussi pain à chanter messe et à communier où est le corps de Jésus-Christ quand il est célébré.

Les jurés étaient renouvelés tous les deux ans.

Les maîtres étaient autorisés à vendre du vin à leur logis, tant à asseoir que à potz et à détail, et il leur était interdit de faire nopces ou banquets sans le concours des pàtissiers en ce qui les concernait. Deffense à quiconque de mestre en vente : *paste étoffée d'œufs* ou *de sucre*, s'il n'est maître du mestier, et deffense aux maîtres de prendre aulcuns serviteurs synon par les mains du clerc du dit mestier (lequel siégeait, nous l'avons déjà dit, rue de la Poterie).

Il était donné aux pàtissiers droit de visite sur les fromages de Brye, œufs et bœurre vendus à Paris.

Défense aux valets de s'absenter de chez leur maître qu'ils n'aient accompli leur temps de louage, et à tout autre maître de les prendre à son service sans que *ledit maître n'en soit content*.

Ces statuts furent confirmés en 1576 par Henri III, et en 1594 par Henri IV.

LETTRES PATENTES DE 1612. — Ces lettres, octroyées par Louis XIII, confirmaient les précédents statuts, ajoutant que les pâtissiers pourraient travailler le jour de Nostre-Dame-de-Chandeleur, à la charge de chômer le jour de la Nativité de Notre-Dame.

Ces statuts furent encore purement et simplement confirmés, en 1653, par Louis XIV.

***

4° PATISSIERS DE PAIN D'ÉPICES. — Une spécialité de l'art de la pâtisserie forma, à une certaine époque, une corporation distincte : ce fut celle des *Pâtissiers de pains d'épices.*

La durée de l'apprentissage était de quatre années. Le chef-d'œuvre consistait dans la préparation d'une quantité de pâte de 200 livres, parfumée à la cannelle, à la muscade ou au clou de girofle, qu'il fallait ensuite détailler en pains, lesquels se faisaient de toutes grosseurs, depuis 12 à la livre, jusqu'à un de 20 livres, de toutes formes : carrés, losanges, cœur, en bille, etc., parsemés de dragées, de cédrat, d'angélique, d'amandes, ou d'écorce de citrons ou d'oranges.

Le nombre des maîtres pains-d'épiciers ne fut jamais considérable. Ils étaient même tombés à *six*, pour la ville de Paris, en 1725 ; mais la communauté fonctionnait cependant régulièrement.

Les premiers statuts qui concernent cette profession datent de février 1596. Nous les analyserons seulement :

Pour obtenir la maîtrise, il fallait avoir 20 ans au moins, confectionner le chef-d'œuvre, et avoir fait un apprentissage de quatre années certifié par contrat passé devant notaire ; apprentissage suivi de quatre années de compagnonnage. Le maître ne pouvait avoir qu'un apprenti à la fois, mais cependant, il pouvait en prendre un autre, durant la *quatrième année* d'apprentissage de celui qu'il possédait. Les fils de maîtres ne comptaient pas comme apprentis et pouvaient être reçus après simple expérience, mais toujours après quatre années de métier. — Les veuves de maîtres pouvaient continuer l'exercice de leur métier, tant qu'elles se tenaient en état de *viduité* ; mais, si elles manquaient à ce sujet ou se remariaient à un étranger du métier, elles perdaient leur privilège.

Un article spécial indique les formes et les poids des pains mis en vente. — Défense était faite d'appeler les clients d'un confrère, et il était ordonné de veiller à la marchandise de celui-ci quand il était occupé à la débiter. — Si un compagnon en route se trouvait sans ressources, les autres étaient tenus de lui bailler ou perster 2 écus (art. 14) ; si un compagnon tombait malade en route, l'on devait le réconforter et le secourir trois jours aux dépens de ses confrères ; si celui-ci décédait, les jurés de la paroisse dont il dépendait

devaient lever sur chaque compagnon 2 sols 6 deniers,
pour restituer à ceux qui l'auraient secouru.

Les maîtres devaient tenir balances avec poids bons
et loails pour peser leurs pastes. Le mariage avec la
fille d'un maître accordait la maîtrise immédiate,
4 jurés étaient nommés pour la police du métier.

Un acte du 3 juillet 1655 interdisait aux pains-d'épiciers de se servir de revendeurs se fournissant indistinctement chez tous les maîtres, cela, à la demande de ces
derniers, parmi lesquels nous citerons : Jérome de
Billy, Jean Delaveau, Claude Pommeray, Robert Brunet,
Louis Mazurier, Jacques Guignon, Couturier, Breton,
Ph. Vitré, Nicolas Rigobert, etc...

*

SENTENCE DU 17 AOUT 1725. — Cette sentence
de Gabriel de Bullion, prévôt de Paris, défendait l'emploi des dragées dites *non-pareilles*, sous peine de
100 livres d'amende et de confiscation ; les pains
d'épices ne pouvaient être semés que d'écorces de
citrons, pastilles et anis. *Nous ignorons le motif de
cet'e prohibition qui n'existait que pour Paris.*

Tels sont les seuls réglements qui, nous le croyons,
puissent intéresser le lecteur sur cette spécialité de la
pâtisserie.

AVERTISSEMENT

Avant de pousser plus loin notre étude, en ce qui concerne une autre spécialité de l'alimentation, nous voulons parler des « sauciers », nous allons donner quelques détails qui, nous l'espérons, intéresseront nos lecteurs.

Sommaire. — Statuts des Pâtissiers de Blois. — La cuisine royale à Versailles — Le roi Pétaud. — La Saint-Michel.

STATUTS DES PATISSIERS DE BLOIS. — Les statuts des pâtissiers de Paris de 1566 furent précédés par ceux des pâtissiers de Blois du 10 décembre 1557, lesquels sont établis avec beaucoup d'à-propos et de bon sens par certains pâtissiers, parmi lesquels nous remarquons : *Simon Demontgasteau* (voià un nom prédestiné !) huissier de la brioche de la Reyne, âgé de 45 ans.

***

LA CUISINE ROYALE. — Sous Louis XIV, il était d'usage que le roi dînât en public, c'est-à-dire que, durant le repas, tous les voyageurs de passage à Versailles et le public ordinaire était admis à défiler devant la table du roi, qui dinait seul. A cette époque, du reste, l'on entrait au château, quoique cela puisse paraitre invraisemblable, absolument *comme dans un moulin*. Un chroniqueur de l'époque en fait foi, et si nous voulions nous appesantir sur ce sujet, de nombreux exemples, et quelquefois de comiques, viendraient à l'appui de notre affirmation.

L'auteur de cet ouvrage, habitant Versailles depuis de nombreuses années, avait cherché à maintes reprises à se renseigner, au sujet de l'emplacement occupé par les anciennes cuisines royales dans le palais de Versailles ; les questions faites à un certain nombre d'employés n'avaient pu lui donner satisfaction et ne laissaient percer que de vagues renseignements ; ce qui est mieux, c'est que le signataire de ces lignes a eu l'avantage (si cela peut s'appeler ainsi) de travailler dans ces cuisines et *sans le savoir* ; pour bien spécifier, nous indiquerons que ceci s'est passé en 1887 et en 1889, au cours de deux périodes de vingt-huit jours, à l'hôpital militaire de Versailles.

En effet, le bâtiment qui sert actuellement encore à cet usage, a, sous le règne de Louis XIV, été édifié spécialement pour le service des *communs*, c'est-à-dire que toute la domesticité, quel que fût son rôle, était logée là et les cuisines également ; les mets sortant des *communs* traversaient la rue de la Surintendance, aujourd'hui rue Gambetta, escortés des chambellans et des officiers spéciaux, entraient dans le château par une porte qui est presque à l'emplacement de la *Chambre des Députés* actuelle, et, par une série de corridors, arrivaient à la salle royale.

Voici ce qu'ignoraient, je le pense, beaucoup de nos confrères.

LE ROI PÉTAUD. — Sous le règne suivant, la salle à manger de Louis XV (à Versailles) qui a deux portes-fenêtres ouvrant sur le balcon de la cour des Cerfs, communiquait par un long corridor avec les cuisines établies dans la dite cour. C'est dans les divers étages de cette cour des Cerfs qu'étaient situées les *cuisines, offices, pâtisseries, rôtisseries, confitureries*, etc., où Louis XV s'amusait à faire la *cuisine, ragoûts et pâtisseries* qu'il servait à ses invités.

Le comte de Lauraguais composa à ce sujet une comédie intitulée « La Cour du Roi Pétaud », que nous connaissons par l'analyse donnée par Collé (Voir Journal de Collé, édit. Honoré Bonhomme, III, 47). Ces diverses installations ont disparu.

*
* *

LA SAINT-MICHEL. — En 1868, plusieurs ouvriers pâtissiers, parmi lesquels nous citerons : MM. Bourdon, Jacob, Deffieux, Lacam, Péricat, Grenot, Garnier, Gauthier, Salmon, Pascal, Doret, Destrez, Semblat, Clichy, Auvray, etc., entreprirent de fonder une Société de Secours mutuels d'ouvriers pâtissiers. Cependant, dans l'intérêt de leur entreprise, et en cela ils eurent grandement raison, ils offrirent la présidence à M. Auguste Julien, le patron pâtissier bien connu de la Bourse. Près de 400 adhérents répondirent à l'appel, et ce fut un succès.

Après une période malheureuse, créée par les événements de 1870 et 1871, et au moment où la Société se trouvait bien près de sa disparition, une nouvelle ère de prospérité s'ouvrit pour elle, à la fin de 1872, par suite de la nomination de M. Narcisse Julien, qui, acceptant la présidence, succédait à son frère Auguste et à M. Sonnet, démissionnaires.

Jusqu'en 1885, la situation reste presque satisfaisante ; mais, par suite de l'indifférence de chacun et surtout des membres honoraires, elle devint absolument critique en 1885, époque où la Société ne s'occupa plus du placement des ouvriers. Grâce à l'énergie et au dévouement de son président, qui, durant 17 ans, garda la foi dans l'avenir et ne ménagea ni son temps ni son argent, grâce également au concours dévoué et désintéressé de quelques hommes de bonne volonté et de bon conseil, parmi lesquels il est de mon devoir de nommer M. Privé, la « Saint-Michel » se trouve aujourd'hui dans une situation florissante que nous souhaitons de voir se maintenir, pour le plus grand bien des ouvriers sérieux, économes et prévoyants, qui songent qu'un jour peut-être ils pourront, si l'adversité ou la maladie les atteint, trouver une assistance qu'ils auront contribué à créer.

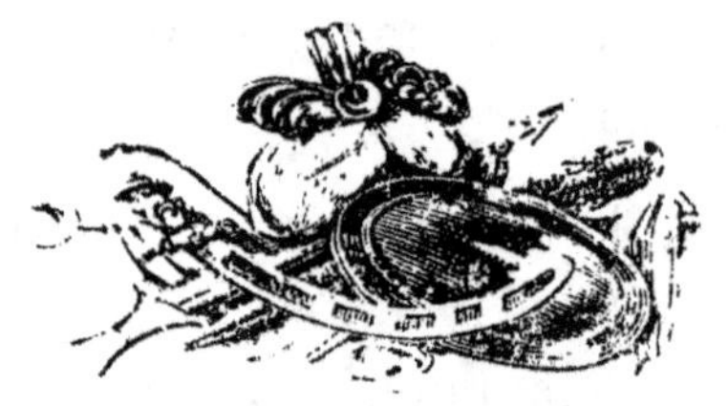

VARIÉTÉS

LES BOUTIQUES ET LES LANTERNES DES PATISSIERS. — Pour terminer notre étude sur l'historique de la pâtisserie en France, nous devons dire quelques mots de la boutique des pâtissiers.

Les pâtissiers furent sans nul doute les premiers parmi les commerçants qui s'ingénièrent à attirer l'attention des passants, et à leur suggérer l'intention de venir acheter à leur boutique, laquelle se distinguait de celle du voisin, par les barreaux et ballustres qui l'ornaient (comme étant de tout temps la marque du mestier) dès le 14ᵉ siècle l'œil était attiré vers la porte du maître par une lanterne de papier de couleur où la lumière se jouait à travers les dessins les plus grotesques, les images les plus fantastiques et les plus bizarres. C'était là un des ornements qui avaient été employés dans l'origine sur la scène pour la représentation des farces, mystères et sotties. On les en exclut par la suite et je ne sais, dit *Legrand d'Aussy*, pourquoi les pâtissiers s'en emparèrent.

A cause de ces personnages, on les appela des lanternes vives; dans une de ses satyres, Regnier leur compare une vieille qui :

> ..... Sembloit, transparente, une lanterne vive.
> Dont quelque paticier amuse les enfans,
> Où des oysons bridez, grenuches, éléfans,
> Chiens, chats, lièvres, renards et mainte estrange beste
> Courent l'une après l'autre.....

Au commencement du règne de Louis XIV, les maîtres pâtissiers dressaient encore leurs chandelles derrière de longues pancartes faites d'un papier transparent, tout couvert de figures d'hommes et de bêtes grossièrement enluminés. La rue sombre s'éclairait de cette fantasmagorie, dont les ombres fantastiques s'agitaient et dansaient sur les murs des maisons d'en face.

Cette mode ne disparut que vers la fin du 17ᵉ siècle et il est regrettable que nous ne puissions donner à nos lecteurs un échantillon de ces curieux dessins.

Voir Paul Sébillot : *Légendes et curiosités* des métiers et Georges Musset : *1ᵉʳˢ statuts des pâtissiers oublayeurs de la Rochelle* (1292).

*
* *

DE L'ORIGINE DU PAIN BÉNIT. — Vers 1300, la rue, qui prit plus tard le nom de rue de la Licorne, portait le nom de rue à Oublayers, c'est-à-dire des pâtissiers faiseurs d'oublies. Ce nom vient du latin *Obelia*, parce que ces sortes de gâteaux, secs et très minces, n'étaient vendus qu'une obole ; nous croyons cependant qu'il peut également dériver de *Obelia* : *présent*. Il y avait plusieurs sortes d'oublies, on nommait nieules et supplications celles qui étaient de plus petite dimension. Les crustules niellées étaient faites avec de la farine de froment, du miel de Languedoc, du safran et des épices fines, le tout béni d'avance par la main de monseigneur l'évêque. C'était ces sortes d'oublies qu'on jetait en largesse au peuple dans les églises, à certaines grandes fêtes de l'année. Comme la manne du ciel, elles tombaient des voûtes et la foule se bousculait pour les saisir, en poussant des cris de joie. Pendant que ces gâteaux niellés tombaient, quatre sacristains, tenant chacun une corbeille garnie de toile blanche, présentaient des oublies aux assistants du chœur : prêtres, moines, chantres, marguilliers, nobles, etc. C'est de cette charmante coutume que vient l'origine du pain bénit.

***

LES BEIGNETS DES AUGUSTINES. — Vers la fin du XIIIe siècle, ces religieuses prirent coutume d'aller chez le 1er Président du Parlement au jour du Dimanche Gras, avec deux bassines d'étain remplies de beignets au sucre et au citron. L'officier de bouche plaçait les bassines sur la table du président, en annonçant la provenance de ces patisseries d'église ; ce magistrat en retour

payait en argent les beignets des pauvres. En 1452,
Adam de Cambrai, alors président, fit placer ces bassines sur une console, à la sortie de son réfectoire, et
tout à côté, une escarcelle ouverte sollicitant les aumônes
des convives, ordinairement bien disposés à la charité
par la succulence de sa table, en ces jours de gala. Ces
pâtisseries des pauvres eurent un grand succès et furent
une grande ressource pour les malades, car plusieurs
personnages de distinction acceptèrent les beignets des
religieuses de Saint-Augustin.

En 1461, sous la présidence de Mathieu de Nanterre
et, en 1561, sous celle de Gilles Lemaître, les beignets
produisirent environ 7,000 écus, plus de 30,000 francs
d'aujourd'hui ! Cette curieuse manière de recueillir les
dons des âmes charitables dura jusqu'à la Révolution.

IV. — SAUCIERS

Les sauciers étaient des commerçants, fabriquant pour vendre, généralement à la criée, par les rues de Paris, diverses compositions appelées *sauces*, du latin (*salsus*, salé). Ces sauces étaient des assaisonnements liquides pour les mets divers et dans lesquels il entrait : du sel, diverses épices comme *senevé* (plante qui donne une petite graine âcre et brûlante, laquelle mélangée au moût entre, ainsi que le poulvré, dans la fabrication de la moutarde), *poulvré*, *coriandre* (graine dont on faisait également des dragées), *pourpier*, *pouillot* (herbes odoriférantes), etc. Les sauciers offraient, dans les rues de la capitale, des sauces à la *cameline* (variété de camomille), au *gingembre* (plante venant de l'Inde et dont la racine s'emploie comme assaisonnement), aux *clous de girofle* (plante de la famille des myrtes et dont la fleur est desséchée pour servir d'épices), à la bonne *graine de paradis*, aux *amandes*, au *vin*, au *verjus* (suc acide retiré des raisins verts), à l'*alose*, à *madame râpée*, etc. La confrérie était commune aux vinaigriers, buffetiers, sauciers et moutardiers.

La première ordonnance les concernant est de Jehan de Folleville, prévôt de Paris, en date du 28 octobre 1394. La patronne de la confrérie était Notre-Dame de la Nativité et la chapelle dans l'église du Saint-Sépulcre. Cette église existait à l'emplacement actuel des magasins de la « Cour Batave », entre la rue Saint-Denis et la rue Saint-Martin ; l'apprentissage était de quatre ans. Les statuts furent confirmés ou renouvelés en 1412, en 1514, en 1559 par Henri II, en 1567 par Charles IX, et, en dernier lieu, en 1745.

Ces divers statuts mentionnaient de nombreuses amendes en cas de malpropreté du matériel, des ustensiles ou des vêtements des buffetiers, sauciers et moutardiers, ainsi qu'en cas de mal-façon, comme l'addition d'eau ou de vin blanc gasté au verjus, l'emploi de graines *puantes* ou *remugles*, de *saumeur* (saumure) avariée, etc.

Nous remarquons, à l'article 14 des statuts de 1567 : « Que aucuns ne pourront faire moutarde en leurs maisons que leurs moulins ne soient netz, sans être *chansis* ne *moisys* et que ladite moutarde soit faite de vinaigre *nostré* (de *nostratem*, c'est-à-dire faite de vinaigre indigène) ; sans que la saumeur sente le remeugle (*relan*, odeur de renfermé) et aussy que les compaignons et varlez desditz maîtres, qui porteront les dites moutardes, ne soient sains de leurs membres

et netz en habillements, sur peine au contrevenant.....
etc. »

Défense était faite aux vinaigriers de brûler leurs
lies pour faire cendres gravelées (1), sous peine de
confiscation des dites lies et cendres.

Si nous examinons les statuts de 1658, accordés par
Louis XIV, nous remarquons, à l'article 1er, ce passage : « Parce que l'expérience fait reconnaitre que les
jurés, anciens, bacheliers et maitres de la communauté
des *vinaigriers, moutardiers, sauciers, distillateurs* en
eau de vie et esprit de vin, et *buffetiers* de la ville,
faux bourgs, banlicue, prévôté et vicomté de Paris,
*n'ont de plus forte passion que celle de contenter en leur
art la délicatesse des goûts soit de Sa Majesté ou de ses
peuples*, etc. Plus loin, à l'article 3 : « Et d'autant que
la vie des hommes dépend d'une fidélité inviolable en
la confection des sauces, moutardes et autres denrées
dépendantes dudit art, nul ne s'en pourra mesler
doresnavant, qu'il ne soit expert, habile et reconnu
dans une approbation générale, ainsi qu'il est porté par
le premier article des dits statuts du 28 octobre 1394.»

Comme nous le voyons, il n'y a aucune analogie entre
le saucier d'autrefois et le cuisinier spécialiste que nous
désignons de même aujourd'hui. Cependant nous devons

---

(1) Cette incinération des lies de vin produisait une potasse de
qualité supérieure (cendre gravelée) soumise à un droit double de
celui de la *cendre morte* « quar ce est une manière de teinture ».

remarquer que, de nos jours, ce système de sauces et d'extraits pour assaisonner les mets existe encore, principalement en Angleterre, où les convives se contentent de viandes peu ou pas assaisonnées, mais se font présenter une quantité de bouteilles contenant des préparations spéciales, dont ils se servent à leur fantaisie, selon leur goût ou leur estomac ; nous citerons, parmi ces préparations : l'anchovy sauce (sauce aux anchois), le murshoom catsup (sauce aux champignons), le walnut catsup (sauce aux noix), le harwey's sauce, le reading sauce, le worcesteshire, le yorkshire relisch, etc.

A l'article 15 des mêmes statuts nous lisons : « Même pour entretenir la gloire que les dits maîtres ont perpétuellement eu dans la fidélité de leurs ouvrages, il leur sera expressément enjoint de continuer leur travail à la moutarde, cameline, sauce jaune, senevé, poulvré et autres denrées dépendantes de leur art avec tout *soin*, *candeur*, *vigilance*, *honneur* et en leurs consciences, afin que le public ait l'heur de se reposer sur leurs personnes..... », etc.

Telles étaient les règles auxquelles étaient astreints les anciens sauciers, collaborateurs des cuisiniers.

FIN DE LA DEUXIÈME PARTIE

TROISIÈME PARTIE

RÈGLEMENTATION DU TRAVAIL. — De quelle façon doit se produire l'intervention des pouvoirs publics dans l'organisation et la règlementation du travail ? En un mot, quels doivent être les rapports du travail et de l'Etat ? Ne doit-on pas tenir compte des usages, des coutumes acquises, des traditions qui sont alléguées à chaque instant dans les discussions parlementaires ou économiques ? Evidemment oui, et c'est pourquoi, avant de parler de la situation actuelle des professions en général et de celle de l'alimentation tout particulièrement, nous avons cru de notre devoir d'indiquer au lecteur les documents historiques que nous avons pu consulter, de les analyser et de les commenter, et c'est ce qui a fait l'objet des deux premières parties de cet ouvrage.

Revenons un peu en arrière.

CHAPITRE PREMIER

LA LÉGISLATION DU TRAVAIL A LA FIN DU XVIIIe SIÈCLE

Sommaire : Le travail chez les Anciens. — L'Eglise et le travail. — Bienfaits des anciennes confréries. — Le droit d'association.

LE TRAVAIL CHEZ LES ANCIENS. — Les anciens collèges ouvriers romains, qui furent les devanciers de nos associations ouvrières, disparurent avec l'empire sous l'invasion des barbares. Chez les Grecs, le travail était méprisé, Aristote et Platon le proclamaient illibéral, les ouvriers n'étaient pas regardés comme dignes du nom de citoyens, c'étaient presque des esclaves ; l'homme libre ne devait pas être admirateur des beaux arts, il devait faire montre d'éloquence et d'oisiveté dans les assemblées.

Chez les Romains, il en était à peu près de même ; Cicéron méprisait les ouvriers au point de les traiter de barbares. Térence prétendait que, pour être respecté et honoré, il fallait être oisif et ne point être assujetti au travail pour vivre. Juvénal nous enseigne que l'occupation des Romains libres était de ramper ou d'être insolents avec les riches pour en obtenir toutes sortes de satisfactions. M. Frédéric Passy a donc bien raison de dire dans son *Histoire du Travail* : « On parle de la condition paisible et sûre des petits dans le passé ; mais ce qui frappe dans l'histoire, c'est

l'écrasement des petits, c'est l'abaissement, la faiblesse,
l'abjection pour le travail et ceux qui vivent du travail. »

.*.

L'ÉGLISE ET LE TRAVAIL. — Nous devons dire
que l'apparition du christianisme changea tout cela, car
toute autre fut la doctrine qu'il prèchait ; la nouvelle religion joignait au reste l'exemple à la parole et cher-
chait par tous les moyens en son pouvoir à ennoblir le
travail. Comme le dit M. Le Roux de Lincy (T. VII. Société des Antiq. de France) : « L'esprit de charité ré-
pandu sur la terre par le christianisme donnait aux anciennes confréries un caractère moral et sacré. »

Du cinquième au onzième siècle à peu près, les travailleurs n'étaient qu'esclaves ou serfs, à moins qu'ils
ne fussent moines. La condition de ces serfs se modifia,
ainsi que nous l'avons dit dans notre première partie,
lorsque se formèrent les communes (Voir 1re partie,
la Commune. — Ayant étudié l'histoire des diverses confréries de métiers, quelles remarques avons-
nous pu faire ? C'est d'abord que dans toutes nous ob-
servons l'ingérence du clergé : chaque confrérie avait
son patron, sa chapelle, sa bannière, ses jours de fête
et de chômage particuliers ; cette ingérence, quoi qu'on
en ait dit, n'avait aucun inconvénient, bien au contraire ; de nos jours, certains compagnonnages ou certaines sociétés de secours mutuels professionnelles ont

encore leurs fêtes et leur saint et assistent à l'église à des cérémonies célébrées en leur honneur. Il y a, dans ces occasions, une grande affluence de compagnons, pour qui ce jour est un jour de repos et de fête attendu impatiemment ; et, par leur présence à ces cérémonies traditionnelles, ils honorent ceux qui ont contribué à leur donner la dignité et la considération que leur avait toujours refusé, sous l'ancien régime, la société laïque.

*
* *

BIENFAITS DES ANCIENNES CONFRÉRIES. — De nos jours, pour réprimer la fraude, la contrefaçon ou la falsification, il faut des lois sévères et toute une armée de fonctionnaires ; au temps des corporations de métiers, c'étaient les associations elles-mêmes qui, pour maintenir la dignité de la profession, veillaient à la bonne tenue des boutiques, à la parfaite fraîcheur des produits, à l'honnêteté des poids et mesures, à l'interdiction du travail de nuit, à l'exécution loyale des contrats passés entre maîtres et compagnons, en un mot, à toute la police du métier, et toutes ces prérogatives étaient soigneusement entretenues par les jurés et prud'hommes des corporations. De plus, c'étaient là des sociétés de secours mutuels, car il y avait : secours en cas de maladie, secours en cas de chômage, secours à la veuve en cas de décès de l'ouvrier ; le corps de métier, composé des maîtres, ouvriers et apprentis, était donc une véritable famille, surtout dans l'apprentissage, car les jurés devaient toujours s'assurer de la capacité et de la moralité des patrons, et veiller à ce que le maître enseigne bien et honnêtement son métier à l'apprenti ; d'autre part, l'apprentissage était fort long et permettait à l'apprenti de devenir un ouvrier expert s'il en avait la bonne volonté. — Si ces associations furent des sociétés de secours mutuels (1), elles furent surtout des sociétés unissant, par une solidarité étroite, des individus ayant les mêmes idées, les mêmes intérêts, le même souci de l'honneur corporatif. L'ouvrier trouvait dans le patron ou la confrérie des appuis matériels et surtout moraux qui semblent lui faire défaut aujourd'hui ; mais si la charité y régnait, il y manquait la liberté. L'homme vivant non seulement de sa vie propre, mais bien plus encore de la vie commune ; si l'on veut l'attacher aux autres par la force, le lien tombera bien vite, l'histoire nous le prouve, mais si on l'associe aux autres hommes par sa simple volonté, le lien social sera d'autant plus indissoluble qu'il aura été plus librement contracté. C'est justement là le but des syndicats professionnels d'aujourd'hui et des sociétés de secours mutuels.

---

(1) Elles donnèrent des exemples quelquefois cruels de la façon dont elles tenaient à l'honneur de la communauté (voir 1re partie, chapitre II : *Les Pénalités*). Aujourd'hui il en coûte moins de falsifier les denrées alimentaires.

LE DROIT D'ASSOCIATION. — Nous avons pu nous rendre compte qu'au xviie siècle le conflit le plus grave qui existait entre le pouvoir royal et les métiers, c'est-à-dire, en quelque sorte, la bourgeoisie, était celui-ci : le premier voulait pour lui seul le droit d'ordonnancer la règlementation du travail, la seconde défendait désespérément ses libertés et ses droits acquis ; le pouvoir royal voulait établir la corporation d'Etat, la bourgeoisie voulait sauvegarder aux corporations leur indépendance, mais elle était incapable d'y parvenir n'ayant pas su suivre la loi du progrès et faire subir aux statuts les modifications exigées par les idées nouvelles, se contentant de réclamer la suppression de divers privilèges. Le pouvoir royal, en voulant garder pour lui seul le droit d'ordonnancer, ne pouvait arriver qu'à la constitution de la corporation d'Etat, laquelle annihilait toute initiative par une surveillance draconienne qui aurait dû se borner à réprimer les abus. C'est ainsi que devait disparaître cette institution autrefois si puissante de la corporation.

Cette décadence du régime corporatif, commencée au xviie siècle, devenait irréparable au xviiie ; les principes et les usages qui l'avaient fait naître ne s'accordant plus avec les idées et les usages nouveaux. Le principe primitif de mutualité et d'assistance avait fait place au principe de la défense des intérêts personnels des plus puissants contre les intérêts de la majorité des plus faibles, dont ils craignaient la concurrence.

Turgot, dans le préambule de l'Edit de 1776, exprimait ceci : « La source du mal est dans la faculté même accordée aux artisans d'un même métier de s'assembler et de se réunir en corps », par conséquent les droits d'association et de réunion ne devaient pas être reconnus aux ouvriers de même profession, ce qui nous paraît exorbitant, attendu que c'est justement pour ces artisans que l'exercice de ces droits est une nécessité pour ainsi dire indispensable, mais Turgot ajoute : « Dieu en donnant à l'homme des besoins, en lui rendant nécessaire la source du travail, a fait du droit de travailler la propriété de tout homme, et cette propriété est la première, la plus sacrée et la plus imprescriptible de toutes ». Or, pour travailler, il faut bien une entente entre celui qui possède et celui qui cherche du travail ; il doit falloir également qu'il puisse y avoir entente entre les travailleurs désirant améliorer leur situation, s'il y a lieu, ou discuter d'intérêts qui leur soient communs. Si la loi du travail est une loi imprescriptible, il en est de même du droit à la liberté ; en conséquence, l'homme doit être libre de travailler comme il l'entend. Le patron ou l'ouvrier pour organiser, de même que pour maintenir leur travail, doivent donc être libres de s'associer, de s'entendre et de se réunir comme il leur convient, dès l'instant qu'ils ne portent point atteinte à la liberté d'autrui et à l'ordre public. Pour nous, le droit d'association entre patrons ou ouvriers d'une même profession est donc un droit naturel. Quant au droit positif

10

qui est celui écrit dans la loi, il doit, pour être juste et équitable, être la traduction fidèle du droit naturel, lequel est supérieur aux lois.

Or, la défense aux travailleurs de se réunir et de s'associer, proclamée par Turgot et également par la loi de la Constitution du 17 juin 1791, étant en contradiction formelle avec le droit naturel, ne pouvait ni durer ni être observée, aussi, moins d'un siècle plus tard, vit-on revivre les associations sous forme de sociétés de secours mutuels ou de syndicats professionnels.

CHAPITRE II

LA LÉGISLATION OUVRIÈRE

A LA FIN DU XIXe SIÈCLE

Sommaire : Conseils de prud'hommes. — Syndicats professionnels. - But des Syndicats. — Loi du 21 mars 1884.

L'œuvre de destruction des associations profession- nelles étant un fait accompli, continuons notre étude pour arriver au 19 vendémiaire an x (11 octobre 1801), date où un arrêté consulaire vint réglementer la profes-· sion de boulanger.

Pour être boulanger, il fallait une autorisation du préfet de Police, effectuer le dépôt d'un certain nombre de sacs de farine aux magasins de la Ville, l'obligation de faire un nombre déterminé de fournées ne pouvant varier sans autorisation spéciale, et un approvisionne- ment continu de farine fixé suivant le nombre de four- nées (60 sacs de 159 kilogr., *quinze myriagrammes quatre-vingt-dix hectogrammes*, par six fournées et au- dessus) ; l'année suivante, 8 vendémiaire, an xi, c'est le tour des bouchers, le nombre de ces commerçants étant formellement limité, ce qui n'était pas tout à fait la liberté commerciale et nous ramenait aux abus des anciennes maîtrises. Depuis lors, les décrets du 24 février 1858, sur l'exercice de la boucherie, et du 22 juin 1863, sur la boulangerie, ont finalement replacé ces deux professions sous le régime du droit commun.

Après la disparition des communautés d'arts et métiers par le fait de la loi du 2 mars 1791, la juridiction qu'elles exerçaient passa sous l'autorité du préfet de police, à Paris, et des commissaires généraux de police dans les villes où il en existait; à leur défaut, aux maires ou adjoints, puis, plus tard, sous celle des juges de paix.

*
* *

CONSEILS DE PRUD'HOMMES. — Une loi du 18 mars 1806, portant création d'un conseil de prud'hommes à Lyon, donna la compétence, en certaines matières, à un conseil mixte de patrons et d'ouvriers. Cette loi laissait au gouvernement le droit d'établir, par règlement d'administration publique, délibéré en Conseil d'Etat, des Conseils de prudhommes dans d'autres villes. Diverses lois modifièrent l'organisation de ces tribunaux de famille qui ont, en quelque sorte, hérité d'une partie des anciennes attributions des corporations d'autrefois. Les prud'hommes ayant des attributions judiciaires et de police administratives (les faits tendant à troubler l'ordre et la discipline de l'atelier sont jugés par les Conseils de prud'hommes faisant fonction de tribunaux de police), se trouvent être à la fois magistrats et fonctionnaires de l'ordre administratif.

De nombreux Conseils de prud'hommes existent aujourd'hui en France et, en ce moment (1904), une loi est sur le point d'être votée au Parlement, qui codifiera, d'une façon nouvelle et sans ambiguité, les attributions et les pouvoirs de ces conseils, en annulant toutes les lois ou décrets antérieurs concernant leur fonctionnement. Ajoutons que les juges de paix, siégeant dans les villes où il n'existe pas de ces conseils, ont toujours la faculté de juger *en tenant lieu*, c'est-à-dire en observant leur jurisprudence et leur procédure, ce qui simplifie singulièrement l'exercice de leur juridiction et en diminue les frais.

***

SYNDICATS PROFESSIONNELS.— Dès l'année 1834, quelques entrepreneurs de maçonnerie de Paris demandèrent la déclaration d'utilité publique pour une association qu'ils avaient formée depuis plusieurs années déjà ; sur le refus qui leur fut opposé, ils transformèrent leur société en *Chambre syndicale,* en établissant de nouveaux statuts. Cette Chambre syndicale fut tolérée ainsi que les réunions auxquelles elle donnait lieu.

C'est là le point de départ de la création d'une quantité de Chambres syndicales professionnelles. Sur ces entrefaites, la Constitution de 1848 proclama la liberté d'association de la façon suivante : « Les citoyens ont le droit de s'associer, de s'assembler paisiblement et sans armes, de pétitionner, de manifester leurs pensées par la voie de la presse ou autrement. L'exercice de ces droits n'a pour limites que le droit ou la liberté d'autrui et la sécurité publique. »

C'est à la République de 1848 que nous devons également la suppression du marchandage (4-6 mars), la création d'une caisse de retraites pour la vieillesse (27 avril 1850), et la réglementation du contrat d'apprentissage (22 février 1851). — Plus tard, sous l'Empire, intervient la loi du 25 mai 1864, laquelle punit, mais seulement dans les cas de violences, voies de fait, menaces et manœuvres frauduleuses, les tentatives pour amener ou maintenir : soit une cessation concertée de travail, soit une atteinte au libre exercice du travail et de l'industrie. — Jusque là il n'y avait encore que des Chambres syndicales patronales ; mais, au moment de l'Exposition de 1867, sur la demande de la Commission centrale des délégations ouvrières, M. Forcade de la Roquette, ministre du Commerce, remit à l'Empereur un rapport favorable à la formation de Chambres syndicales ouvrières.

Dès lors, le nombre de ces associations ne cessa de

se multiplier, c'était maintenant vers les syndicats professionnels que se portaient les efforts des patrons et des ouvriers ; les sociétés de ours mutuels, utiles à un autre point de vue, ne pouvant suffire à la satisfaction des intérêts professionnels.

***

BUT DES SYNDICATS. — Le but principal des syndicats patronaux est de concilier les différends de caractère professionnel qui peuvent surgir entre leurs membres, de donner leur avis aux pouvoirs publics lorsqu'ils sont sollicités de le faire, de même que de servir d'arbitres dans les questions professionnelles, d'intervenir dans les élections des juges consulaires et des conseillers prud'hommes, de créer un centre d'informations, en un mot de s'occuper de tous les intérêts de la profession.

Le but principal des syndicats ouvriers est de s'occuper du placement des ouvriers sans travail, de donner les avis qui peuvent leur être demandés, de créer des bibliothèques, d'intervenir dans les élections des conseillers prud'hommes ouvriers, de se mettre en rapport avec les syndicats patronaux pour tout conflit pouvant surgir entre patrons et ouvriers, comme, par exemple : chiffre de salaire, heures de travail, etc. Quelques-uns même ont créé des sociétés coopératives, soit de production, soit de consommation ; la plupart ont des caisses de secours.

L'une des causes principales du manque d'entente entre patrons et ouvriers c'est, dans la généralité des industries, l'absence progressive du patron dans l'atelier et l'abandon de la pratique de la profession proprement dite en commun avec les ouvriers, à l'encontre de ce qui se passait autrefois. Le patron se contentant aujourd'hui d'être, le plus souvent, comptable, acheteur, vendeur et surveillant, voit se relâcher les liens de camaraderie et de solidarité qui étaient les liens les plus touchants des anciennes confréries. Nous ajoutons que l'ouvrier mériterait, à tous les points de vue, d'être secouru en cas de maladie, d'accident, de vieillesse ou de chômage, comme autrefois le faisaient les confréries. Le moyen, croyons-nous, de parvenir à ce but, sans léser personne, ce serait l'assurance.

* * *

LOI DU 21 MARS 1884 SUR LES SYNDICATS PRO-FESSIONNELS. — Toutes ces associations patronales et ouvrières sont régies par la loi de mars 1884, qui permet de créer des syndicats professionnels sans autorisation du gouvernement, les statuts devant seulement être déposés, avec les noms des administrateurs, à la mairie de la localité. L'objet des syndicats est exclusivement l'étude et la défense des intérêts économiques, industriels, commerciaux et agricoles. Ils peuvent ester en justice. Ils peuvent constituer entre leurs membres des caisses spéciales de secours mutuels et de retraites. Aucune condition n'est exigée des personnes qui doivent faire partie d'un syndicat, en dehors de celle qui concerne la profession, même au point de vue de la capacité civile ; les étrangers peuvent y être admis, sans toutefois pouvoir en être administrateurs. Les syndicats peuvent nommer membres honoraires des personnes n'exerçant pas la profession, pourvu que ces personnes ne s'immiscent pas dans l'administration de ces syndicats ; il a même été jugé qu'une personne étrangère au syndicat peut être appelée aux fonctions de secrétaire-trésorier, pourvu que cette personne, simple agent salarié, ne prenne pas part aux délibérations et ne paie pas de cotisations. (Amiens, 13 mars 1895).

***

CONCLUSION

Sommaire. — La corporation d'autrefois et celle d'aujourd'hui.

Récapitulons ce qui a fait l'objet de ce livre et concluons :

En entrant dans la communauté, l'apprenti s'astreignait à des devoirs multiples, mais il acquérait également des droits, il se plaçait sous l'autorité du maître, mais aussi sous la surveillance maternelle de la femme du maître et sous l'égide du compagnon qui le faisait bénéficier de ses conseils. En même temps, il se sentait sous la protection de la communauté ouvrière qui pouvait le défendre au besoin, comme elle pouvait également le punir.

A l'encontre du travailleur des campagnes soumis au caprice du seigneur, et en même temps aux redevances de toutes sortes, l'ouvrier de métier, à l'abri des exactions, défendu par la communauté, dont le pouvoir royal était lui-même tributaire, puisque celle-ci avait toujours défendu ses intérêts ; l'ouvrier de métier, disons-nous, pouvait aspirer à la Maîtrise en s'inspirant des règles que nous avons énumérées, c'est-à-dire aspirer à la liberté et à l'indépendance.

Ce régime corporatif avait organisé la famille ouvrière, famille que nous avons décrite unie, composée du maître, du valet et de l'apprenti, travaillant en commun, vivant de la même existence et ayant les mêmes intérêts.

Cette union s'est trouvée brisée par suite de la revendication de la liberté ouvrière, laquelle a donné naissance à l'individualisme ; l'isolement des travailleurs et l'opposition de leurs intérêts sont les causes de la division qui s'est établie entre eux et qui a mis en présence ceux qui achètent le travail, c'est-à-dire les patrons, et ceux qui le vendent, c'est-à-dire les ouvriers ; cette situation n'existait pas autrefois et c'est là qu'est la plaie de la société moderne, ainsi que le faisait remarquer M. de Mun en 1883, à la Chambre des Députés.

L'intérêt personnel a tout défait ; l'apprenti, qui était en quelque sorte l'enfant du maître, a trouvé son joug trop pesant, il a oublié ses devoirs, il a soif déjà de liberté et d'indépendance.

Comme nous le fait également remarquer très judicieusement M. Tisserand : « Dans le système actuel, le principe de la liberté a produit l'individualisme... l'apprenti, l'ouvrier, le petit patron ont conquis, en même temps que leur indépendance industrielle, le droit de se protéger eux-mêmes ; la corporation n'est plus là pour fermer le faisceau et centupler les forces productrices. Faut-il laisser ces petits et ces faibles s'abîmer dans la mêlée générale, ces irréfléchis et ces maladroits se heurter aux écueils de la vie industrielle, ces vétérans du travail se morfondre à la porte des ateliers qui refusent de les admettre ? ».... Tel est le problème qui se pose aujourd'hui.

En dehors des pouvoirs publics, il appartient en partie aux syndicats professionnels mixtes ou autres, ainsi qu'aux sociétés de secours mutuels, aux Caisses de retraites et aux sociétés d'assurances, de rétablir sous une autre forme ce qui, pendant plusieurs siècles, a fait la sauvegarde des travailleurs, patrons ou ouvriers, en contribuant, par là même, à la prospérité nationale.

Les corporations nouvelles, à quelque point de vue qu'on les envisage, doivent viser surtout à servir les intérêts de leurs membres, patrons ou ouvriers, bornant leur rôle à la défense des intérêts professionnels, sans vouloir s'immiscer dans le domaine économique. Parmi les questions qui doivent attirer tout particulièrement leur attention, nous indiquerons : les caisses de prévoyance, d'assistance et de retraite, l'enseignement professionnel, le placement de leurs membres, etc., toutes choses qui ne peuvent avoir pour effet que d'affirmer l'entente des patrons, ouvriers et apprentis, dans une même pensée de concorde et de progrès professionnels.

Cette façon d'entrevoir le rôle nouveau auquel sont appelées les nouvelles corporations existantes, et les principes dont elles doivent s'inspirer, marque bien la différence qui s'établit avec les corporations d'autrefois, lesquelles étaient, en dehors de certaines clauses humanitaires de leurs statuts, véritablement trop personnelles, jalouses de leurs privilèges, et maintenaient une caste héréditaire en faveur des fils de maître. Cette corporation que nous rêvons pour l'avenir doit être une corporation *de métier*, qui ne fera aucune distinction entre ses membres quels qu'ils soient ; c'est-à-dire qu'elle établira l'union de personnes qui ont embrassé la même profession et que l'idée de solidarité rapproche et unit.

Dans cette évolution, le succès sera acquis à ceux qui auront mis le plus de ferveur à associer leurs intérêts solidaires unis à leurs sentiments de charité ; l'un des plus actifs instruments de cette évolution : c'est la mutualité.

Dans nos métiers de l'Alimentation, il existe à Paris deux sociétés similaires : *La Saint-Michel* pour les Pâtissiers, et la *Société de Secours Mutuels des Cuisiniers de Paris*, qui, jusqu'à un certain point, réalisent ces conditions.

Par suite de la disparition, plus ou moins prochaine, mais désormais inévitable, des bureaux de placement payants, le rôle qui incombe à ces sociétés, lesquelles représenteront en quelque sorte aujourd'hui les anciens bureaux des confréries, est tout tracé ; régies par des comités choisis indistinctement parmi les patrons et les ouvriers, elles donnent des garanties d'impartialité à tous. — Les syndicats patronaux et ouvriers, qui eux aussi feront désormais le placement, auraient tort de penser qu'ils n'auront pas à lutter avec une telle concurrence faite de l'union des deux facteurs les plus importants du travail : le patron et l'ouvrier.

Envisageant un autre point de vue, nous devons remarquer qu'aujourd'hui encore, et malheureusement peut-être pas pour bien longtemps, tous, (nous parlons pour la pâtisserie) peuvent aspirer à devenir patrons un jour ; mais, avec la lutte de concurrence des grandes usines et des grands magasins qui se poursuit aujourd'hui, il serait de l'intérêt bien entendu de l'ouvrier sérieux de rester dans les maisons de pâtisserie car, dès l'instant que les maisons qui ruinent le petit indus-triel auront absorbé toutes les *capacités* de notre pro-fession et les auront mises à leurs gages, celles-ci deviendront à la merci de ces dernières et retomberont dans l'état d'infériorité où elles étaient autrefois, sans espoir d'en sortir ; tandis que, maintenant encore, collaborateurs, camarades de leurs patrons, collègues de demain, ils pourront aspirer à leur succéder, si surtout ces derniers savent comprendre que l'intérêt qu'ils porteront à leurs ouvriers par leurs égards et par leur esprit de justice saura en faire des amis au lieu d'adversaires. En un mot s'ils savent être les maîtres qu'eux mêmes voudraient avoir.

HISTOIRE DES MÉTIERS DE L'ALIMENTATION

Première Partie

CHAPITRE PREMIER

TREIZIÈME ET QUATORZIÈME SIÈCLES

Origines des Corporations de Métiers

Les Communes. — Les Marchands de l'Eau. — Le Prévôt des Marchands. — Le Parloir aux Bourgeois. — Maison de la Marchandise. — Etienne Boileau. — Le Livre des Métiers. — Les Confréries. — Les Redevances. — Les Banalités. — L'Echanguette. — Le Hauban. — Le Tonlieu. — Règlementation du travail. — Juridictions spéciales. — Ordonnances de Charles V. — Les Jurés. — Les Visiteurs-Jurés. — La Jurande.

CHAPITRE II

DU QUINZIÈME AU DIX-HUITIÈME SIÈCLE

Modifications dans l'organisation des Communautés

Les Jurés. — Les Communautés. — L'Edit des Suisses. — Autres Edits. — Droit de visite. — Pénalités. — Maîtres. — Compa-

CHAPITRE III

Le Pouvoir royal et les Communautés

CONCLUSION

Seconde Partie

ART CULINAIRE PROPREMENT DIT — AVERTISSEMENT

1° Cuisiniers

Le Queux du Roi. — Queux-Cuisiniers-Porte-Chappes. — Ecuyers de cuisine. — Eglise des Saints-Innocents. — Statuts de 1280. — Ordonnance de 1300. — Statuts de 1599. — Statuts de 1663. — Marché à la volaille. — Qualité de viande. — Secours aux malheureux. — Règlement de la vente.

2º *Rôtisseurs*

La Chapelle des Cordeliers. — Ordonnance de 1499. — Statuts de 1509. — Ordonnance de 1546. — Arrêts de 1620 et 1674. — Statuts de 1744. — La Vallée de Misère. — Le Carreau de la Vallée.

3º *Pâtissiers-Oublayeurs*

Généralités. — Ordonnances du Roi Jean. — Pâtisseries légères. — Pâtisseries sucrées. — Le Gastelier. — Les Oublayers. — Pâtisseries diverses. — Statuts de 1270. — Statuts de 1397, 1406, 1440, 1479, 1485, etc. — Pâtissiers de Pain d'Epices.

VARIÉTÉS

Statuts des Pâtissiers de Blois. — La Cuisine Royale à Versailles. — Le Roi Pétaud. — La St Michel. — Les Boutiques et les lanternes des Pâtissiers. — L'origine du pain-bénit. — Les Beignets des Augustines.

Troisième Partie

CHAPITRE PREMIER

RÈGLEMENTATION DU TRAVAIL

La Législation du travail à la fin du XIXᵉ siècle.

Le travail chez les anciens. — L'Eglise et le travail. — Bienfaits des anciennes confréries. — Le Droit d'association.

CHAPITRE II

La Législation ouvrière à la fin du XVIIIe siècle.

Conseils de Prud'hommes. — Syndicats professionnels. — But des Syndicats. — Loi du 21 Mars 1884.

CONLUSION

La corporation d'autrefois et celle d'aujourd'hui.

GRANDE IMPRIMERIE DE MEULAN (S.-ET-O.). — A. RÉTY